Studien zu Infrastruktur und Ressourcenmanagement

Herausgegeben von

Thomas Bruckner
Erik Gawel
Robert Holländer
Daniela Thrän

Band 8

Klimaschutzpolitik im Bereich des motorisierten Individualverkehrs in Deutschland

Eine ökonomische Analyse

Paul Tribisch und Erik Gawel

Studien zu Infrastruktur und Ressourcenmanagement

Herausgegeben von

Thomas Bruckner
Erik Gawel
Robert Holländer
Daniela Thrän

Band 8

Studien zu Infrastruktur und Ressourcenmanagement
Studies in Infrastructure and Resources Management

Herausgegeben von / Edited by
Thomas Bruckner, Erik Gawel, Robert Holländer, Daniela Thrän

Universität Leipzig
Wirtschaftswissenschaftliche Fakultät
Institut für Infrastruktur und Ressourcenmanagement
Grimmaische Str. 12
04109 Leipzig
Tel.: +49(0) 341 / 97 33 870
Fax: +49(0)341 / 97 33 879
E-Mail: umwelt@wifa.uni-leipzig.de
http://www.wifa.uni-leipzig.de/iirm/

Bibliografische Information der Deutschen Nationalbibliothek
Die Deutsche Nationalbibliothek verzeichnet diese Publikation in der Deutschen Nationalbibliografie; detaillierte bibliografische Daten sind im Internet über http://dnb.d-nb.de abrufbar

Titelfoto: André Künzelmann/UFZ

ISBN 978-3-8325-4461-4
ISSN 2191-9623
Logos Verlag Berlin GmbH
Comeniushof, Gubener Str. 47
10243 Berlin
Tel.: +49(0) 30 / 42 85 10 90
Fax: +49(0) 30 / 42 85 10 92
http://www.logos-verlag.de

Inhalt

Abbildungsverzeichnis

Tabellenverzeichnis

Abkürzungsverzeichnis

BEV .... Battery Electric Vehicle (rein batterieelektrisches Fahrzeug)
BMWi........ Bundesministerium für Wirtschaft und Energie
BtL .... Biomass-to-Liquid
CH_4........... Methan
CNG .... Compressed Natural Gas (Erdgas)
CO_2........... Kohlenstoffdioxid
CO_2-Äq. .... CO_2-Äquivalente
DLUC........ Direct Land Use Change (direkte Landnutzungsänderungen)
EE .... Erneuerbare Energien
EU.............. Europäische Union
FAME........ Fettsäuremethylester (Biodiesel)
FCEV......... Fuell Cell Electric Vehicle (Brennstoffzellenfahrzeug)
GWP.......... Global Warming Potential
HVO .... Hydriertes Pflanzenöl
ICEV.......... Internal Combustion Engine Vehicle
(Fahrzeug mit Verbrennungsmotor)
ifeu .... Institut für Energie- und Umweltforschung
ILUC .... Indirect Land Use Change
(indirekte Landnutzungsänderungen)
IPCC.......... Intergovernmental Panel on Climate Change
kWh........... Kilowattstunde
Lkw .... Lastkraftwagen
LPG .... Liquefied Petroleum Gas (Flüssiggas)
MIV .... Motorisierter Individualverkehr
MJ .... Megajoule
MKS .... Mobilitäts- und Kraftstoffstrategie
MWh .... Megawattstunde
NEFZ .... Neuer Europäischer Fahrzyklus
NO_2 .... Lachgas

NPE........... Nationale Plattform Elektromobilität
NRVP........ Nationaler Radverkehrsplan
ÖPNV .... Öffentlicher Personennahverkehr
ÖPV........... Öffentlicher Personenverkehr
PHEV........ Plug-In Hybrid Electric Vehicle
(extern aufladbares Hybridelektrofahrzeug)
PJ .... Petajoule
Pkw .... Personenkraftwagen
RDE........... Real Driving Emissions
REEV......... Range Extended Electric Vehicle
(Elektrofahrzeug mit Reichweitenverlängerung)
SUV .... Sports Utility Vehicle
THG .... Treibhausgas
UBA .... Umweltbundesamt
UNFCCC.. United Nations Framework Convention on Climate Change
WLTP........ Worldwide Harmonized Light Vehicles Test Procedure

1

Einleitung: Motorisierter Individualverkehr als Herausforderung der Klimaschutzpolitik

1.1 Problemstellung und Forschungsfragen

Der internationale Klimaschutz steht vor großen Herausforderungen in den nächsten Jahrzehnten. Wie im Fünften Sachstandsbericht des Intergovernmental Panel on Climate Change (IPCC) im Jahr 2014 erneut bestätigt wurde, nimmt der von Menschen verursachte Klimawandel zu.[1] Dies ist auf den seit der Industrialisierung stark angestiegenen Ausstoß von Treibhausgas (THG)-Emissionen[2] zurückzuführen. Um die negativen Folgen des Klimawandels zu begrenzen, hat sich die Staatengemeinschaft im Rahmen der im letzten Jahr in Paris stattgefundenen Conference of Parties 21 der United Nations Framework Convention on Climate Change (UNFCCC) das Ziel gesetzt, den Anstieg der globalen Durchschnittstemperatur auf unter 2° C im Vergleich zum vorindustriellen

---

[1] IPCC 2014, S. 3/4.

[2] Zu den wichtigsten Treibhausgasen zählen neben Kohlenstoffdioxid (CO_2) auch Methan (CH_4) und Lachgas (N_2O) (IPCC 2014, S.46). Um die Klimawirkung der Treibhausgase vergleichen zu können, wird das sogenannte 100-jährige Global Warming Potential (GWP_{100}) für alle Gase berechnet. Der GWP_{100}-Wert ermöglicht eine Normierung auf die Wirkung von CO_2 und beträgt für Methan 28 und Lachgas 265 (IPCC 2014, S. 87). Um die umfassende Wirkung der Treibhausgase einheitlich angeben zu können, wird die Messgröße CO_2-Äquivalente (CO_2-Äq.) verwendet.

Niveau zu begrenzen und Anstrengungen zu unternehmen, den Anstieg auf 1,5° C zu beschränken.[3]

Der Klimaschutz in der Europäischen Union (EU) und insbesondere in Deutschland steht schon seit mehr als zwei Dekaden auf der politischen Agenda. Für die Gestaltung der europäischen Klimapolitik sieht sich Deutschland als Vorbild und hat ambitionierte Vorgaben zur Begrenzung der THG-Emissionen beschlossen (siehe Kap. 2.2.1). Die deutsche Politik hat in der Vergangenheit jedoch von den einzelnen Sektoren sehr unterschiedliche Klimaschutzbeiträge eingefordert. Mit der deutschen „Energiewende“ hat eine Transformation im Energiesektor hin zu geringeren CO_2-Emissionen im Vergleich zu dem Bezugsjahr 1990 und der verstärkten Nutzung von Erneuerbaren Energien (EE) eingesetzt. Im Verkehrssektor ist diese Transformation aber noch nicht klar erkennbar und größere Anstrengungen für den Beitrag zum Klimaschutz werden eingefordert.[4]

Der Verkehrssektor ist im Jahr 2015 für einen Anteil von 18 % an den gesamten THG-Emissionen in Deutschland verantwortlich.[5] Damit ist dieser Sektor zweitgrößter Emittent von Treibhausgasen nach dem Energiesektor. Im Zeitraum von 1990 bis 2015 konnte die jährliche absolute Menge an THG-Emissionen in Deutschland um ca. 27,2 % von 1248 auf 908 Millionen Tonnen CO_2-Äquivalente (Mio. t CO_2-Äq.) reduziert werden.[6] Im Gegensatz dazu befinden sich die verkehrsbedingten THG-Emissionen im Jahr 2015 mit 164 Mio. t CO_2-Äq. in etwa auf dem Niveau von 1990.[7]

---

[3] UNFCCC 2015, S. 2.

[4] Vgl. Gawel et al. 2014.

[5] UBA 2016a.

[6] UBA 2016a.

[7] UBA 2016a und UBA 2016b.

Innerhalb des Verkehrssektors spielt der motorisierte Individualverkehr (MIV)[8,9], dazu zählen Personenkraftwagen (Pkw) und motorisierte Zweiräder, eine wichtige Rolle. Bezieht man alle Verkehrsmittel mit ein, hat der MIV im Jahr 2014 einen Anteil von 54,3 % am Verkehrsaufkommen[10] und 69,4 % an der Verkehrsleistung[11]. Betrachtet man nur den motorisierten Personenverkehr, fällt die Bedeutung des MIV noch größer aus und der Anteil des MIV an Verkehrsaufkommen/-leistung liegt relativ konstant bei über 80 % in den letzten Jahren.[12] Zum Januar 2016 waren 98 % der über 45 Mio. in Deutschland zugelassenen Pkw mit Otto- oder Dieselmotoren ausgestattet und damit auf fossile Kraftstoffe angewiesen.[13] Insgesamt ist der MIV für den größten Anteil der THG-Emissionen im Verkehrssektor verantwortlich (siehe Kap. 4.5). Obwohl es vor allem seit 2009 verstärkte Bemühungen zur Reduktion der THG-Emissionen im Bereich des MIV gibt, bestehen Zweifel an der Wirksamkeit der politischen Maßnahmen. Eine vertiefende Analyse scheint aufgrund der Existenz zahlreicher unterschiedlicher Politikinstrumente und daraus entstehender Wechselwirkungensinnvoll.

Vor dem Hintergrund ambitionierter Klimaschutzziele, der dominierenden Rolle des MIV (als Verkehrsmittel und Emittent von THG-Emissionen) im Verkehrssektor und zahlreicher Einflussfaktoren kommt der wirksamen Regulierung des MIV eine entscheidende Rolle zu. Die vorliegende Arbeit geht aus diesen Gründen der Forschungsfrage nach, ob

---

[8] Die vorliegende Arbeit fokussiert sich auf Pkw aufgrund der zu vernachlässigenden Bedeutung von Zweirädern in Bezug auf Bestand und Fahrleistungen im Vergleich zu Pkw (vgl. Kunert/Radke 2013).

[9] Zur Abgrenzung und Definition der Verkehrsträger siehe BMVI 2015, S. 212/213.

[10] Das Verkehrsaufkommen bezieht sich auf die durchschnittliche Anzahl zurückgelegter Wege pro Person und Tag (Weiß et al. 2016, S. 39).

[11] Die Verkehrsleistung ergibt sich aus der mittleren zurückgelegten Entfernung über alle Wege pro Person und Tag (Weiß et al. 2016, S. 40/41).

[12] BMVI 2015, Kap. B5.

[13] KBA 2016a, S. 10.

die europäische und deutsche Klimaschutzpolitik angemessene Impulse für einen klimagerechten MIV in Deutschland setzt.

Im Einzelnen werden folgende Fragestellungen untersucht:

- Welche Ziele und Instrumente zur Zielerreichung bestehen gegenwärtig und wie wirkungsvoll sind sie – einzeln und im Verbund – in Bezug auf Effektivität und Effizienz?
- Werden insoweit die (klima-)politischen Anreize für die Minderung der THG-Emissionen im MIV derzeit aus ökonomischer Sicht „richtig" gesetzt? Welches sind wesentliche Schwachstellen?
- Lassen sich aus der Analyse Schlüsse für ökonomisch sinnvolle Veränderungen der Politikmaßnahmen in Zukunft ziehen? Wenn dies der Fall ist, welche erscheinen zweckmäßig?

1.2 Gang der Untersuchung

Im Anschluss an die Einleitung wird in Kapitel 2 ein Überblick zu den verschiedenen Zielsetzungen der Politik gegeben. Die konkreten Zielvorgaben für den MIV sind in ein übergeordnetes Klimaschutzkonzept auf europäischer und deutscher Ebene eingebettet und stehen in einem Spannungsverhältnis mit anderen Politikfeldern und -zielen. Nachdem eine Systematisierung der Ziele stattgefunden hat, wird in Kapitel 3 auf das zur Verfügung stehende Instrumentarium der Politik eingegangen. Dazu werden gegenwärtig bestehende sowie in der politischen Diskussion stehende Instrumente beschrieben und systematisiert. In Kapitel 3 findet darüber hinaus eine Auswahl jener Instrumente statt, die in Kapitel 4 näher untersucht werden sollen. Dort wird sodann eine umfassende Bewertung der Instrumente anhand der grundlegenden ökonomischen Bewertungskriterien Effizienz und Effektivität vorgenommen. Auf diese Weise werden Aussagen sowohl zu der ökologischen Treffsicherheit dieser Instrumente als auch zu deren volkswirtschaftlichen Kosten getroffen. Dabei werden nicht nur einzelne Instrumente untersucht, sondern auch die Wirkung im Verbund analysiert. Auf Grundlage der in Kapitel 4 erfolgenden Bewertung werden in Kapitel 5 schließlich Zukunftsperspektiven und Reformoptionen für die klimagerechte Steuerung des MIV gegeben. Hierzu werden zwei Phasen der technologischen Entwicklung unterschieden: von fossilen Energieträgern als dominierende Antriebsform hin zu einer stärkeren Durchdringung alternativer Antriebe. Die Arbeit wird mit einer Zusammenfassung der wichtigsten Ergebnisse in Kapitel 6 abgeschlossen.

2

Motorisierter Individualverkehr als Gegenstand von nationaler und europäischer Klimaschutzpolitik

2.1 Der motorisierte Individualverkehr in Deutschland im Spannungsfeld unterschiedlicher Politikziele

Der MIV ist ein zentraler Pfeiler der Mobilität in Deutschland. Dementsprechend werden vielfältige Anforderungen und Zielvorgaben auf unterschiedlichen Ebenen an die Ausgestaltung des MIV gestellt. Neben den privaten und beruflichen Nutzern des MIV stellen u. a. die Automobilbranche und ihre Zulieferindustrie, Verbände, Forschungseinrichtungen und andere öffentliche Träger Interessengruppen des MIV dar. Während auf der einen Seite (motorisierte) Mobilität für jeden ermöglicht werden soll und als Treiber für Wirtschaftswachstum und Beschäftigung gilt, nehmen auf der anderen Seite die Probleme des Klimawandels, der zum Teil durch die stark gestiegene individuelle Mobilität der Menschen hervorgerufen wird, zu. Die Politik hat die Aufgabe, für einen Ausgleich von unterschiedlichen Interessen zu sorgen und regulierend einzugreifen, wenn externe Effekte und andere Formen des Marktversagens vorliegen.[14] Der Klimawandel stellt einen „typischen" Marktversagenstatbestand in Form von negativen externen Effekten dar, da für die durch THG-Emissionen entstehenden Klimaschäden nicht vollständig von den Verursachern aufgekommen wird. Somit sollte die Klimaschutzpolitik das Ziel verfolgen, die externen Klimaeffekte des MIV kostenminimal zu internalisieren. Aufgrund der hohen wechselseitigen

---

[14] Rave et al. 2013, S. 10.

Abhängigkeit der Klimaschutz- und Energiepolitik, werden diese beiden Politikbereiche für die Beschreibung der Ziele gemeinsam betrachtet (siehe Kap. 2.2.1). Die Struktur des MIV wird auch von der Innovationspolitik und der Umweltpolitik sowie von fiskalischen und industriepolitischen Motiven beeinflusst (siehe Kap. 2.3). Außerdem sind geopolitische Überlegungen wie die Reduzierung der Importabhängigkeit von Mineralöl von Bedeutung.[15] Es kann daher zur gegenseitigen Beeinflussung unterschiedlicher Zielstellungen aus verschiedenen Politikbereichen kommen, woraus Verzerrungen der Anreizstrukturen und höhere volkswirtschaftliche Kosten resultieren können.[16] Um Klarheit über die unterschiedlichen Ansprüche der Politikfelder an den MIV zu erlangen, erscheint eine Abgrenzung der unterschiedlichen Politikfelder und -ziele sinnvoll.

2.2 Europäische und deutsche Klimaschutz- und Energiepolitik

2.2.1 Überblick

Aus dem Bekenntnis der internationalen Staatengemeinschaft die globale Durchschnittstemperatur auf unter 2 °C zu begrenzen, ergibt sich die Reduktionsverpflichtung für Industrieländer, ihre THG-Emissionen um 80 – 95 % bis 2050 ggü. 1990 zu reduzieren.[17] Auf Basis dieses Ziels werden mit Hilfe von Szenarioanalysen Etappenziele für 2020, 2030 und 2040 abgeleitet.[18] Das Langfrist-Ziel für 2050 dient als Referenzpunkt und gibt den Rahmen der Klimaschutzpolitik für die EU und Deutschland vor.

---

[15] Über 99 % des Primärenergieverbrauchs von Mineralöl wird in Deutschland importiert (BMWi 2016a, Abb. 5).

[16] Rave et al. 2013, S. 13.

[17] Europäische Kommission 2011a, S. 3.

[18] Europäische Kommission 2011a, S. 4/5.

Auf europäischer Ebene wurde bereits 2009 mit dem Klima- und Energiepaket ein umfangreiches Ziel- und Maßnahmenkonzept verbindlich. Hauptbestandteil des Pakets sind die europäischen Rechtsnormen in Gestalt der Entscheidung Nr. 406/2009/EG und der Richtlinie 2009/28/EG (Erneuerbare-Energien-Richtlinie). Sie umfassen folgende unionsweite Zielsetzungen bis 2020: 20 % THG-Emissionen einzusparen ggü. 1990, den Anteil der EE am Endenergieverbrauch auf 20 % zu steigern und die Energieeffizienz um 20 % zu erhöhen. Das wichtigste Instrument zur Umsetzung dieser Ziele stellt der europäische Emissionshandel, EU Emissions Trading System (EU ETS), in Verbindung mit der Lastenteilungsvereinbarung, Effort Sharing Decision (ESD), dar. Rechtsgrundlage für das EU ETS ist die Richtlinie 2009/29/EG. In das EU ETS sind CO_2-Emissionen der Energiewirtschaft, der energieintensiven Industrien und der gewerblichen Luftfahrt einbezogen. Das EU ETS beruht auf dem „cap and trade"-Prinzip, bei dem eine festgelegte Menge an CO_2-Zertifikaten ausgegeben wird und Zertifikate frei gehandelt werden dürfen. Durch die Reduzierung der Zertifikatmenge im Zeitablauf sollen die CO_2-Emissionen der teilnehmenden Sektoren um 21 % bis 2020 im Vergleich zu 2005 gesenkt werden.[19] Nicht berücksichtig in dem EU ETS sind die Sektoren Verkehr (mit Ausnahme von Luftfahrt und internationaler Schifffahrt), Gebäude, Landwirtschaft und Abfall. Für diese gemeinsam werden über die ESD nationale Reduktionsverpflichtungen abgeleitet, die abhängig von der relativen Wirtschaftskraft (gemessen in Bruttoinlandsprodukt pro Kopf) der Mitgliedsstaaten sind.[20] Europaweit müssen die THG-Emissionen der in der ESD erfassten Sektoren bis 2020 um 10 % ggü. 2005 gesenkt werden.[21] Das Klima- und Energiepaket für 2020 wurde im Jahr 2014 mit Zielen für 2030 ergänzt. Die THG-Emissionen sollen demnach um mindestens 40 % bis 2030 gegenüber dem Basisjahr 1990 sinken, der Anteil der EE am Endenergieverbrauch

[19] Europäische Union 2009b, S. 63.

[20] Europäische Union 2009a, S. 137.

[21] Rodi et al. 2015, S. 46.

soll auf mindestens 27 % ansteigen und die Energieeffizienz soll ebenfalls um 27 % zunehmen (basierend auf der Zielerreichung für 2020).[22] Um das THG-Ziel zu erreichen, sollen die im EU ETS erfassten Sektoren ihre Emissionen um 43 % und die verbleibenden Sektoren ihre Emissionen um 30 % ggü. dem Stand von 2005 verringern.

Neben den völkerrechtlichen und europäischen Vorgaben hat sich Deutschland ambitionierte nationale Klimaschutzziele auferlegt. Das 2010 vorgelegte Energiekonzept der Bundesregierung bekennt sich zu dem Ziel, die THG-Emissionen bis 2050 um 80 bis 95 % zu reduzieren. Zur Erreichung dieses Ziels sind THG-Reduktionspfade von –40 % bis 2020, –55 % bis 2030 und –70 % bis 2040 vorgesehen.[23] Darüber hinaus soll der Anteil der EE am Bruttoendenergieverbrauch 18 % bis 2020, 30 % bis 2030, 45 % bis 2040 und 60 % bis 2050 betragen. Der Anteil der Stromerzeugung aus EE am Bruttostromverbrauch soll 35 % bis 2020, 50 % bis 2030, 65 % bis 2040 und 80 % bis 2050 ausmachen. Außerdem wird angestrebt, den Primärenergieverbrauch um 20 % bis 2020 und 50 % bis 2050 gegenüber 2008 zu reduzieren. Die Vorgaben zur Reduktion der THG-Emissionen und zum Ausbau der EE am Bruttostromverbrauch wurden im Rahmen des Monitoring-Prozesses im Jahr 2014, der zur Beurteilung der Zielerreichung vom Bundesministerium für Wirtschaft und Energie (BMWi) durchgeführt wird, explizit als Mindestziele formuliert.[24] Das wichtigste Instrument zur Förderung des Anteils EE an der Stromerzeugung in Deutschland stellt das Gesetz für den Ausbau erneuerbarer Energien (Erneuerbare-Energien-Gesetz – EEG) dar, welches seit dem Jahr 2000 in Kraft ist und bereits mehrmals novelliert wurde. Es sieht eine bevorzugte Einspeisung und Subventionierung von Strom aus EE und damit eine Absenkung der Markteintrittsbarrieren für EE vor. Eine zunehmend marktnahe Ausrichtung des EEG steht jedoch

[22] Europäische Kommission 2014, S. 6 – 9.

[23] BMWi 2010, S. 5.

[24] BMWi 2014, S. 11.

zunehmend im Fokus der Politik (vor allem in Hinblick auf die neueste Novellierung).[25]

Für Deutschland ergibt sich aus den europäischen Vorgaben, EU ETS in Kombination mit ESD, eine Verpflichtung zur Reduktion von Treibhausgasen um ca. 33 % bis 2020 ggü. 1990.[26] Somit resultiert eine Ziellücke zum nationalen Klimaschutzziel, im Jahr 2020 40 % THG-Emissionen einzusparen. Darauf wurde mit dem Aktionsprogramm Klimaschutz 2020 reagiert, welches u. a. zusätzliche Maßnahmen zur Steigerung der Energieeffizienz und Einsparpotenziale im Gebäude- und Verkehrssektor identifiziert.[27] Nach Einschätzung der Expertenkommission wird das nationale Klimaschutzziel jedoch trotz der zusätzlich getroffenen Maßnahmen verfehlt werden.[28]

Für das Jahr 2030 wurden erstmals THG-Reduktionsziele einzelner Sektoren im Rahmen des Klimaschutzplans 2050 definiert. Um mit einer höheren Zielsicherheit das gesamtwirtschaftliche Reduktionsziel für 2030 von mindestens –55 % zum Basisjahr 1990 zu erreichen, wurden Reduktionspfade für die Sektoren Energiewirtschaft, Gebäude, Verkehr, Industrie, Landwirtschaft und Sonstige festgelegt.[29] Es ist zu berücksichtigen, dass der Klimaschutzplan 2050 keine verbindlichen Gesetze beinhaltet und somit die Umsetzung dieser Ziele nicht rechtlich bindend ist.

Tabelle 1 fasst die wichtigsten Ziele noch einmal in der Übersicht zusammen.

---

[25] BMWi 2016d.

[26] Löschel et al. 2012, S. 116.

[27] BMUB 2014, S. 26.

[28] Löschel et al. 2016, S. Z-3.

[29] BMUB 2016, S. 26/27.

Tab. 1: Übersicht der Klimaschutzziele der EU und Deutschlands

			2020	2030	2040	2050
THG-E. Reduktion in % ggü. 1990	EU		20	40		80 – 95
	DE		mind. 40	mind. 55	mind. 70	80 – 95
EE-Anteil am Endenergie-verbrauch in %	EU		20	27		
	DE		18	30	45	60
Energieverbrauch Reduktion in % ggü. 2008 (außer Verkehr, dort Bezugsjahr: 2005)	EU		20	27		
	DE	Primärenergie	20			50
		Gebäudewärme	20			
		Verkehr	10			40
		Stromverbrauch	10			25

Quelle: Eigene Darstellung.

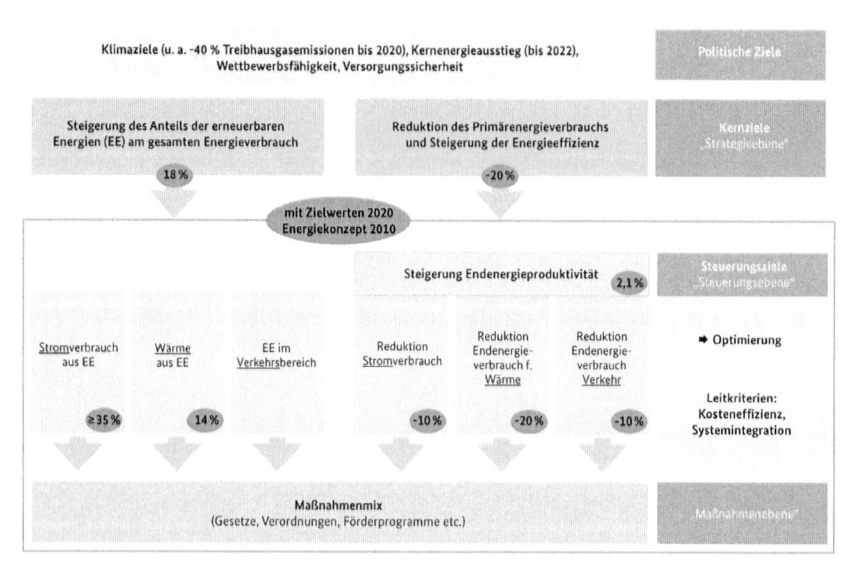

Abb. 1: Strukturierung der Ziele des Energiekonzepts. Quelle: BMWi 2015, S. 9.

2.2.2 Sektorale Zielvorgaben für den motorisierten Individualverkehr in Deutschland

Die Klimaschutzziele für den Verkehrssektor im Allgemeinen und für den MIV im Speziellen leiten sich (un-)mittelbar aus dem übergeordneten Konzept der Klimaschutz- und Energiepolitik auf europäischer und nationaler Ebene ab. Abbildung 1 veranschaulicht die unterschiedlichen Zieldimensionen.

Dem übergeordneten Ziel der THG-Reduktion sind Ziele auf der „Strategieebene", wie beispielsweise die Steigerung der Energieeffizienz, untergeordnet. Aus den Kernzielen werden Steuerungsziele für einzelne Sektoren abgeleitet. Die sektorspezifischen Minderungsziele könnten sich theoretisch aus den unterschiedlichen Grenzvermeidungskosten der einzelnen Sektoren herleiten lassen. Sie diesen zudem dazu, die Verbindlichkeit beschlossener Ziele zu erhöhen. Diese wiederum sollen über einen Mix aus Maßnahmen/Instrumenten erreicht werden.

Auf europäischer Ebene wurde im Weißbuch der Europäischen Kommission das Ziel formuliert, die THG-Emissionen des europäischen Verkehrssektors um 20 % bis 2030 und um 60 % bis 2050 ggü. 2008 zu senken.[30] Da der deutsche Verkehrssektor nicht in das EU ETS integriert ist (siehe Kap. 2.2.1), gibt es für diesen auch keine verbindlichen absoluten Minderungsziele des THG-Ausstoßes bis 2020. Allerdings wurde erstmals ein Reduktionsziel für den deutschen Verkehrssektor für das Jahr 2030 formuliert. Im Klimaschutzplan 2050 vom 14.11.2016 wurde sich auf THG-Reduktion von 40 – 42 % bis 2030 ggü. 1990 geeinigt. Dies entspricht einer absoluten Minderung von über 60 Mio. t CO_2-Äq. auf ein Niveau von 95 – 98 Mio. t CO_2-Äq.[31]

Auf der „Steuerungsebene" wird dem deutschen Verkehrssektor eine 10-prozentige Einsparung des Endenergieverbrauchs bis 2020 und eine

---

[30] Europäische Kommission 2011b, S. 3.

[31] BMUB 2016, S. 26.

40-prozentige bis 2050 zum Basisjahr 2005 auferlegt.[32] Dieses Ziel wirkt relativ unmittelbar auf die absolute Verminderung der THG-Emissionen im Verkehrssektor und kann über verschiedene Strategien erreicht werden (siehe Kap. 3.1).[33] Im Aktionsprogramm Klimaschutz 2020 ist außerdem das Ziel, einen Bestand von einer Mio. Elektrofahrzeugen[34] in Deutschland im Jahr 2020 zu erreichen, explizit als Klimaschutzziel formuliert.[35]

Die europäischen Ziele setzen hauptsächlich an den Energieträgern für den MIV-Betrieb an. Aus Art. 3 Abs. 4 der Richtlinie 2009/28/EG geht hervor, dass Deutschland mindestens 10 % des Endenergieverbrauchs im Verkehrssektor bis 2020 aus EE decken muss. Art. 17 der Richtlinie legt außerdem Nachhaltigkeitskriterien für die Produktion von Biokraftstoffen fest. Es dürfen demnach keine biologisch wertvollen Flächen für die Herstellung zerstört werden und Flächen mit hohem Kohlenstoffgehalt müssen geschützt werden. Darüber hinaus muss mit der Verwendung von Biokraftstoffen eine Minderung der THG-Emissionen im Vergleich zu fossilen Kraftstoffen in Höhe von 35 % bis Ende 2017 und 50 % ab 2018 bei Anlagen, die bis Oktober 2015 in Betrieb genommen wurden, einhergehen. Eine 60-prozentige Minderung muss bei Inbetriebnahme von Anlagen nach Oktober 2015 erzielt werden. Um negative Folgen der Biokraftstoffnutzung in Form von indirekten Landnutzungsänderungen (ILUC) (siehe Kap. 4.2.2) abzumildern, wurde die Richtlinie (EU) 2015/1513 erlassen. Diese setzt den Anteil von Biokraftstoffen der ersten Generation (siehe Kap. 4.2.2) zur Anrechnung auf den 10-prozentigen Anteil der EE am

---

[32] BMWi 2010, S. 5 und BMUB 2014, S. 46.

[33] UBA 2016d, S. 76.

[34] Als Elektrofahrzeuge gelten grundsätzlich: rein batterieelektrisches Fahrzeug (Battery Electric Vehicle (BEV)), extern aufladbares Hybridelektrofahrzeug (Plug-In Hybrid Electric Vehicle (PHEV)), Elektrofahrzeug mit Reichweitenverlängerung (Range Extended Electric Vehicle (REEV)) und Brennstoffzellenfahrzeug (Fuel Cell Electric Vehicle (FCEV)). Für das hier genannte Ziel werden BEVs, PHEVs und REERs angerechnet (NPE 2011, S. 23). Diese sind von Hybridfahrzeugen abzugrenzen.

[35] BMUB 2014, S. 46.

Endenergieverbrauch auf maximal 7 Prozentpunkte fest und erlaubt die Anrechnung von erneuerbarem Strom im Straßen- (5-fach) und Schienenverkehr (2,5-fach) auf die Quote. Die Richtlinie 2015/1513 muss bis September 2017 in nationales Recht umgesetzt werden.

Die europäische Richtlinie 2009/30/EG verpflichtet Kraftstoffanbieter die Lebenszyklus-THG-Emissionen von Kraftstoffen um mindestens 6 % (bis zu 10 %) bis Ende des Jahres 2020 im Vergleich zum Basisjahr 2010 zu verringern. Zur Berechnung dieser Emissionen werden die gleichen Definitionen und Nachhaltigkeitskriterien wie in der Richtlinie 2009/28/EG angewendet, um eine kohärente Bewertung gewährleisten zu können.

Die besondere Herausforderung, für den MIV wirksame mittelbare Ziele festzulegen, besteht darin, dass es sehr unterschiedliche Einflussfaktoren gibt und dementsprechend viele Ansatzpunkte für eine Regulierung bestehen. Mögliche Ansatzpunkte sind beispielsweise der Endenergieverbrauch, der Modal Split[36], die Neuzulassungen, die Art des Antriebs/Kraftstoffs, die Verkehrsleistung oder der durchschnittliche Kraftstoffverbrauch. Ziele für die genannten Punkte zu definieren, birgt die Gefahr, dass die Reduzierung von THG-Emissionen, dem eigentlichen Ziel der Klimaschutzpolitik, nicht mit Sicherheit erreicht wird. Dies ist auf bestehende Wechselwirkungen[37] zwischen den Einflussfaktoren zurückzuführen. Allerdings lassen sich konkrete Ziele für einzelne Einflussfaktoren besser steuern und Maßnahmen leichter identifizieren als für ein übergeordnetes, mehrdimensionales Ziel.[38] Demzufolge gilt es, für die Bewertung der Klimaschutzpolitik die Erreichung der mittelbaren Ziele

---

[36] Der Modal Split gibt Aufschluss über die Anteile der Verkehrsmittel am Verkehrsaufkommen (Weiß et al. 2016, S. 39).

[37] Zum Beispiel können mögliche Effizienzsteigerungen bei den Kraftstoffverbräuchen durch höhere Verkehrsleistungen konterkariert werden. Somit kommt es auf die Stärke der einzelnen Effekte an, um eine Aussage über die absolute Veränderung der THG-Emissionen machen zu können (siehe Kap. 4.2.1 u. 4.5).

[38] UBA 2016d, S. 76.

einzeln und im Verbund zu analysieren und deren Wirksamkeit vor dem Hintergrund der absoluten THG-Reduktion kritisch zu überprüfen.

2.3 Innovations-, Industrie-, Umwelt- und Fiskalpolitik

Die Innovationspolitik zielt auf die Förderung von Innovationsleistungen ab. Diese entstehen durch die Generierung neuen Wissens oder die Kombination von bestehendem Wissen auf neue Art und Weise.[39] Neben der eigentlichen Wissensgenerierung steht die Umsetzung des Wissens in marktfähige und wettbewerbsfähige Produkte im Vordergrund. Die Politik verfolgt durch Schaffung entsprechender Rahmenbedingungen das Ziel sowohl Aktivitäten in Forschung und Entwicklung (F&E) und Wissenstransfers zu fördern als auch die Kommerzialisierung von innovativen Produkten und deren Diffusion durch die Gesellschaft voranzutreiben.[40]

Wenngleich die vorliegende Arbeit innovationspolitische Aspekte nicht umfassend berücksichtigt, so gibt es einen Teilbereich der Innovationspolitik, bei dem es zu einer Überlappung mit der Klimaschutzpolitik kommt. Dabei handelt es sich um die Förderung von Innovationen, die das Potenzial zur Einsparung von THG-Emissionen im Vergleich zu bestehenden Produkten und Strukturen bieten (im Folgenden „Klimainnovationen" genannt). Während die Klimaschutzpolitik hauptsächlich das Ziel verfolgt, durch den Klimawandel verursachte negative externe Effekte zu internalisieren, setzt die Innovationspolitik an der Internalisierung positiver Externalitäten und anderer Formen des Marktversagens an, die ebenfalls wichtig für die Bekämpfung des Klimawandels sind.[41] Erstens sind Klimainnovationen von positiven externen Effekten betroffen, da sich der Nutzen aus Innovationen in der Regel nicht vollständig privatisieren lässt und es damit zu nicht kompensierten „Wissens-

[39] Lindner 2009, S. 8.

[40] Fier/Harhoff 2001, S. 1.

[41] Rave et al. 2013, S. 129/130.

Spillovern" kommt. Die sozialen Grenzerträge der Forschung sind in der Regel um ein Vielfaches höher als die privaten Grenzerträge, wodurch es zu einer Unterinvestition in Forschungstätigkeiten kommt.[42] Zweitens liegen Adoptionsexternalitäten in der Phase von Adoption und Diffusion von Klimainnovationen vor.[43] Diese entstehen, wenn es für Unternehmen profitabel ist, mit der Entwicklung neuer Technologien so lange zu warten, bis sich dafür eine kritische Marktgröße entwickelt hat und von „übertragbaren" Lern- und Skaleneffekten anderer Unternehmen profitiert werden kann. Drittens ist der MIV von einer hohen Pfadabhängigkeit geprägt. Die Nutzung von fossilen Energieträgern bleibt im Zeitablauf dominierend aufgrund von versunkenen Investitionskosten, Skaleneffekten, der entsprechenden Anpassung der Antriebstechnologien und Infrastrukturen sowie sozialer Akzeptanz.[44] Dementsprechend ist die Umstellung auf alternative Energieträger und Technologien mit sehr hohen Kosten verbunden und legt staatliche Unterstützung nahe.

Die Innovationspolitik in Deutschland wird über die Hightech-Strategie gesteuert, die sechs innovative und damit förderungswürdige Bereiche identifiziert. Der Fokus der Hightech-Strategie liegt hauptsächlich darin, die internationale Wettbewerbsposition Deutschlands zu stärken und damit mehr Wachstum und Arbeitsplätze zu schaffen.[45] Dementsprechend ist die Innovationspolitik kaum von der Industriepolitik zu trennen, die ebenfalls auf die Sicherung der Wettbewerbsfähigkeit der deutschen Industrie im internationalen Vergleich gerichtet ist.[46,47] Jedoch

---

[42] Popp 2010, S. 4/5.

[43] Vgl. Jaffe et al. 2005.

[44] Rave et al. 2013, S. 130/131 und Aghion et al. 2012, S. 34/35.

[45] BMBF 2014, S. 10.

[46] Ein gutes Beispiel dafür stellt die Förderung der Elektromobilität dar. Diese wird primär über die Nationale Plattform Elektromobilität (NPE) gesteuert, mit dem Ziel, Deutschland zum Leitanbieter und Leitmarkt für Elektromobilität bis 2020 zu machen (NPE 2011, S. 9). Obwohl von der NPE der positive Beitrag von Elektrofahrzeugen zum Klimaschutz betont wird, werden keine Informationen zu ihren Lebenszyklus-THG-Emissionen zur Verfügung gestellt und keine Maßnahmen ergriffen, diese zu verringern (vgl. NPE 2011 und

wird auch der Klima- und Umweltschutz verstärkt im Rahmen der Hightech-Strategie betrachtet und als Marktchance verstanden. In der Hightech-Strategie finden sich u. a. die Themen Bioökonomie, neue Fahrzeugtechnologien, Elektromobilität und intelligente Verkehrsinfrastruktur wieder.[48] All diese Themenfelder und daraus hervorgehende Klimainnovationen beeinflussen die Entwicklung und Ausgestaltung des MIV. Konkrete Instrumente zur Förderung dieser Klimainnovationen, die von der Bereitstellung finanzieller Mittel für F&E abzugrenzen sind, werden im Rahmen dieser Arbeit berücksichtigt (siehe Kap. 3).

Ein weiteres Politikfeld, das großen Einfluss auf den MIV hat, ist die Umweltpolitik. Der Klimaschutz kann als erweitertes Handlungsfeld der Umweltpolitik verstanden werden.[49] Jedoch unterscheidet sich die Problemstruktur des Klimaschutzes von der des „klassischen" Umweltschutzes. Der Klimawandel ist ein globales Phänomen und Treibhausgase verbleiben für sehr lange Zeit in der Atmosphäre, wodurch sie anhaltend zur Erderwärmung beitragen.[50] Die Umweltpolitik im „klassischen" Sinne beschäftigt sich mit der Vermeidung/Beseitigung von lokalen und zeitlich begrenzten unmittelbaren Umweltschäden.[51] Unmittelbare Umweltschäden, die bei der Herstellung, Nutzung und Entsorgung von Fahrzeugen entstehen, werden den Kategorien Versauerung, Eutrophierung, Sommersmog, Ozon, Feinstaub und Humantoxizität zugeordnet und im Rahmen dieser Arbeit nicht weiter berücksichtigt.[52] Deshalb wird sprachlich zwischen Umweltpolitik und Klimaschutzpolitik unterschieden.

NPE 2014). Es scheint derzeit also ein klar industriepolitisches Motiv hinter der Förderung zu stehen.

[47] BMWi 2016b.

[48] Vgl. BMBF 2014.

[49] Rave et al. 2013, S. 84.

[50] Sturm/Vogt 2011, S. 131.

[51] Rave et al. 2013, S. 84.

[52] UBA 2016c, S. 53.

Bei der Entscheidung für Politikmaßnahmen und deren Ausgestaltung können neben klimapolitischen Überlegungen auch fiskalische Ziele für den Staat von Bedeutung sein. Steuern werden für fiskalische oder nichtfiskalische Ziele erhoben und haben dementsprechend unterschiedliche Wirkungen. Dies gilt es bei der Bewertung von steuerlichen Instrumenten im Verkehrssektor zu berücksichtigen. Dient die Steuer hauptsächlich dem Staat als Einnahmequelle, so ist davon auszugehen, dass die gleichzeitige Erfüllung anderer Zwecke, wie beispielsweise die adäquate Besteuerung von CO_2-Emissionen, nicht in gleichem Maße gelingt. Es kann somit zu Interessenkonflikten zwischen fiskalischen Zwecken und klimapolitischen Lenkungszwecken einer Steuer kommen, die die Wirksamkeit der Steuer als Klimainstrument einschränken.[53]

[53] Homburg 2010, S. 5.

3

Bestandsaufnahme der Politikmaßnahmen auf nationaler und EU-Ebene zur Realisierung der klimapolitischen Zielvorgaben für den motorisierten Individualverkehr

3.1 Überblick

Die Politikmaßnahmen zur klimagerechten Regulierung des MIV sind sehr vielfältig und setzen an unterschiedlichen Stellhebeln an. Grundsätzlich können vier Strategien mit entsprechenden Maßnahmen zur Reduzierung der THG-Emissionen verfolgt werden. Um eine Systematisierung der Maßnahmen vornehmen zu können, erscheint eine Beschreibung der Strategien und eine darauffolgende Kategorisierung der Maßnahmen sinnvoll.

Unter der Strategie „Vermeiden" versteht man das Ziel, die Anzahl der motorisierten Fahrten oder Fahrtweiten zu reduzieren. Somit soll die Notwendigkeit oder das Bedürfnis für Ortsveränderungen von Personen verringert werden, idealerweise ohne dass es zu Einschränkungen der Mobilität kommt. Dies ist hauptsächlich über eine verbesserte und integrierte Raum- und Verkehrsplanung, eine Dezentralisierung von regionalen oder städtischen Strukturen (unter dem Stichwort: „Stadt der kurzen Wege" bekannt) oder die Verteuerung von besonders klimaschädlichen Verkehrsmitteln möglich.[54] Die Verkehrsleistung vom MIV auf

[54] UBA 2010, S. 12/14.

Verkehrsträger mit geringeren THG-Emissionen zu verlagern, bezeichnet man als „Verlagerungsstrategie“. Dabei kann die Verlagerung auf aktiven/nicht motorisierten Verkehr oder klimafreundlicheren motorisierten Verkehr (im Vergleich zum MIV) stattfinden. Bei der Bewältigung von Strecken zu Fuß oder mit dem Fahrrad handelt es sich um den aktiven Verkehr. Klimafreundliche motorisierte Alternativen zum MIV stellen der Eisenbahn-, Bus- und öffentliche Straßenpersonenverkehr dar. Durch ein Vielfaches an Personenbeförderungsvolumen pro Fahrt im Vergleich zum MIV haben sie eine deutlich bessere THG-Bilanz.[55] Die Strategie „Verbessern“ zielt auf Effizienzsteigerungen von Fahrzeugen ab, um deren Energie- oder Kraftstoffverbrauch zu reduzieren. Neben

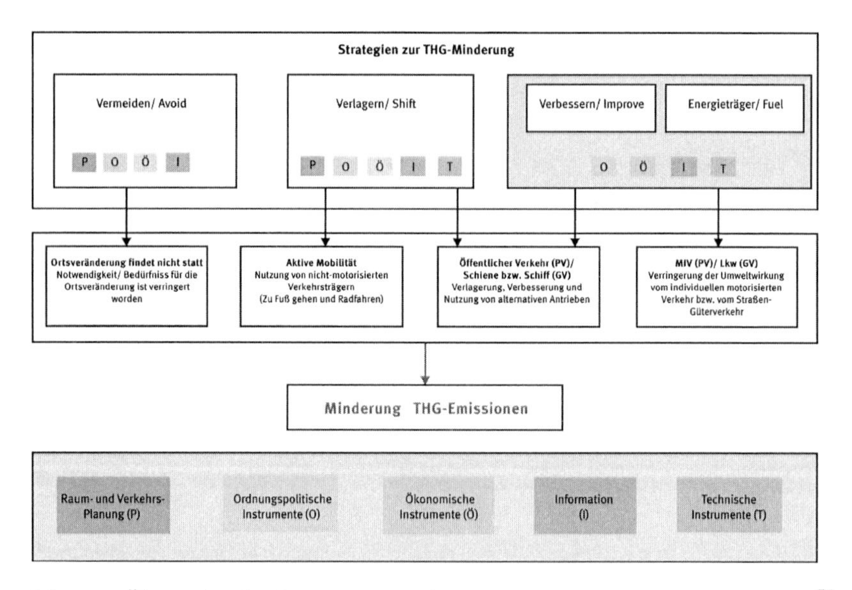

Abb. 2: Übersicht der Strategien und Instrumente zur THG-Minderung.[56] Quelle: UBA 2016d, S. 62.

[55] UBA 2016e.

[56] Abbildung 2 bezieht sich auf den Personen- und Güterverkehr. Aus diesem Grund werden in der Abbildung auch die Verlagerung auf den Schiffsverkehr und die Nutzung von Lastkraftwagen (Lkw) erwähnt, welche für die vorliegende Arbeit nicht relevant sind.

technischen Verbesserungen kann auch eine Optimierung des Fahrverhaltens zur Verringerung des Energieverbrauchs führen. Die Energieträger-Strategie zielt auf die Verwendung von Energieträgern mit möglichst geringen THG-Emissionen ab. Dies kann die Bereitstellung und den Aufbau von neuen Infrastrukturen für den Einsatzdieser Energieträger notwendig machen.[57]

Die Politikmaßnahmen, die im Verlauf dieser Arbeit detailliert behandelt werden, lassen sich hauptsächlich den Strategien „Verbessern" und „Energieträger" zuordnen, da von ihnen eine unmittelbare Wirkung auf den MIV ausgeht. Insbesondere die Wirkung von Maßnahmen der „Verlagerungsstrategie" auf die Struktur des MIV lässt sich nur schwer abschätzen. Allerdings sind die Instrumente nicht immer trennscharf einer Strategie zuzuordnen. Beispielsweise kann eine Verteuerung von Kraftstoffen durch die Anhebung der Energiesteuersätze Pkw-Hersteller dazu veranlassen, sparsamere Fahrzeuge herzustellen („Verbessern") und gleichzeitig Verkehrsteilnehmer davon überzeugen, entweder auf öffentliche Verkehrsmittel, die in der Regel preiswerter sind als die private Nutzung von Pkw, umzusteigen („Verlagern") oder weniger zu fahren („Vermeiden").

Ein wichtiges Dokument für die strategische Umsetzung der Klimaschutzziele im Verkehrssektor in Deutschland stellt die Mobilitäts- und Kraftstoffstrategie (MKS) aus dem Jahr 2013 dar. Zur Erreichung des Endenergieeinsparungsziels von 10 % im Verkehrssektor werden

- „die Diversifizierung der Energiebasis des Verkehrs mit alternativen Kraftstoffen in Verbindung mit innovativen Antriebstechnologien,
- die weitere Steigerung der Energieeffizienz von Verbrennungsmotoren und
- die Optimierung der Verkehrsabläufe" (BMVBS 2013, S. 6)

als wichtigste Treiber eingestuft.

[57] Zur Übersicht der Strategien und Instrumente im Verkehrssektor siehe auch AEE 2016.

Die MKS wird von europäischen Maßnahmen komplementiert. Die Förderung alternativer Antriebe auf nationaler Ebene wird zusätzlich durch die Nationale Politikstrategie Bioökonomie, die NPE und das Nationale Innovationsprogramm Wasserstoff und Brennstoffzellentechnologie vorangetrieben.

Um die zahlreichen für den MIV relevanten Instrumente übersichtlich beschreiben und analysieren zu können, findet eine Kategorisierung der Instrumente statt. In der Theorie der Wirtschaftspolitik wird nach dem Kriterium der Marktnähe zwischen ordnungsrechtlichen Instrumenten, Steuern/Subventionen sowie der Schaffung von Marktlösungen (Emissionshandel) unterschieden. Bei ordnungsrechtlichen Instrumenten handelt es sich um Ge- und Verbote bzw. Auflagen. Unter Auflagen versteht man konditionierende Vorschriften, die auf die Absenkung des Schadens auf ein gewisses Niveau ausgerichtet sind.[58] Ordnungsrechtliche Instrumente unterbinden unerwünschte Verhaltensweisen ganz oder teilweise bzw. schreiben erwünschte Verhaltensweisen vor. Steuern und Subventionen sowie der Emissionshandel stellen ökonomische Anreiz-Instrumente dar und geben Anreize über den Preismechanismus, externe Effekte zu internalisieren.[59] Steuern und Subventionen basieren i. d. R. auf einer Preisregulierung, d. h. die Verhaltensweise der Wirtschaftssubjekte wird direkt über den Preis gesteuert. Unter Subventionen kann entweder der (teilweise) Wegfall ansonsten geschuldeter Steuern, d. h. Steuervergünstigungen oder -befreiungen, verstanden werden oder eine direkte finanzielle Förderung. Der Emissionshandel wiederum funktioniert über eine Mengenregulierung, bei der die absolute Menge an THG-Emissionen begrenzt wird und sich über die Knappheit der CO_2-Zertifikate Marktpreise für diese bilden.[60]

[58] Fritsch 2011, S. 106/107.

[59] Zur Sonderstellung der Subventionen als kaufkraftzuführendes Instrument ohne den Einkommenseffekt der übrigen Marktinstrumente siehe Gawel 2014.

[60] Krey/Weinreich 2000, S. 24/25.

Tabelle 2 zeigt eine Übersicht zu den in den folgenden Kapiteln 3.2, 3.3 und 3.4 beschriebenen Instrumenten und gibt Auskunft, welche von diesen in Kapitel 4 näher analysiert werden.

Tab. 2: Übersicht der Instrumente im deutschen Verkehrssektor

Instrumente		Beschlossen	In der Diskussion	Analyse in Kap. 4
Ordnungsrecht	CO_2-Grenzwerte	X		X
	Biokraftstoffquote/ THG-Quote für Biokraftstoffe	X		X
	Pkw-Energieverbrauchskennzeichnung	X		
	Vereinheitlichung Preisauszeichnung altern. Kraftstoffe		X	
	Rechtliche Förderung Carsharing		X	
	Rechtliche Förderung Elektrofahrzeuge	X		
	Geschwindigkeitsbegrenzung auf Autobahnen		X	
	Umweltzonen	X		
Steuern/Subventionen	Energiesteuer	X		X
	Kfz-Steuer	X		X
	Dienstwagenbesteuerung (Reform)	X	(X)	X
	Entfernungspauschale (Reform)	X	(X)	
	Pkw-Maut		X	
	Umweltbonus Elektrofahrzeuge	X		X
	Förderung alternativer Kraftstoffinfrastrukturen	X		
	Förderung Rad- u. Fußverkehr u. ÖPV	X		
Emissionshandel			X	X

Quelle: Eigene Darstellung.

3.2 Ordnungsrecht

Das zentrale Instrument zur Steigerung der Effizienz bei Pkw, mit dem Ziel der Reduktion von THG-Emissionen im Straßenverkehr, ist die Verordnung (EG) Nr. 443/2009 der EU. Diese schreibt in Art. 2 vor, dass neu in der EU zugelassene Pkw eines Herstellers ab dem Jahr 2012 nicht mehr als durchschnittlich 130 Gramm CO_2 pro gefahrenen Kilometer (g CO_2/km) emittieren dürfen. Es kommt somit nicht auf den CO_2-Ausstoß eines einzelnen Pkw an, sondern auf die durchschnittlichen Emissionen aller neu zugelassenen Pkw eines Herstellers in einem Kalenderjahr. Die CO_2-Emissionen der Pkw werden einheitlich über den Neuen Europäischen Fahrzyklus (NEFZ) ermittelt.[61] Der CO_2-Grenzwert soll in linearer Abhängigkeit zum Nutzwert der Fahrzeuge stehen. Als Indikator für den Nutzwert wird die „Masse" (gemessen in Kilogramm) der Fahrzeuge herangezogen und führt zu einer herstellerspezifischen Anpassung des allgemeinen Grenzwertes von 130 g CO_2/km. Man spricht dann von den „durchschnittlichen spezifischen Emissionen" der Neuwagen eines Herstellers. Für die Berechnung, welche in Anhang I der Verordnung (EG) Nr. 443/2009 geregelt ist, wird die Gewichtsdifferenz zwischen dem zu betrachtenden Pkw und einem Referenzfahrzeug[62] gebildet, mit einem Parameter multipliziert und zu den 130 g CO_2 addiert. Auf die tatsächliche Höhe des Grenzwertes haben auch noch andere Faktoren Einfluss. Das „Pooling" macht es Automobilherstellern möglich, sich zu einer Emissionsgemeinschaft für bis zu fünf Jahre zusammenzuschließen, wodurch für sie jeweils nicht mehr ein individueller Grenzwert ausschlaggebend ist, sondern ein gemeinschaftlicher. Um den Automobilherstellern Zeit für technische Verbesserungen ihrer

[61] Da bei der Verbrennung jeder Einheit fossilen Kraftstoffs immer die gleiche Menge CO_2 freigesetzt wird, lässt sich direkt von den Verbrauchswerten auf den CO_2-Ausstoß schließen.

[62] Während für das Referenzfahrzeug zwischen 2012 und 2015 1372 kg angesetzt wurde (Anhang 1 Verordnung Nr. 443/2009), muss laut einer späteren Verordnung ab 2016 das Gewicht des Referenzfahrzeugs alle drei Jahre angepasst werden (Delegierte Verordnung (EU) 2015/6).

Fahrzeuge zu geben, wurde eine „Phase-In"-Periode zwischen 2012 und 2015 gewährt, in der die Grenzwerte nicht in vollem Umfang erfüllt werden mussten. Darüber hinaus können technische Neuerungen („Eco-Innovations") eines Zulieferers oder Herstellers, die CO_2 einsparen, mit bis zu 7 g CO_2/km angerechnet werden. Innovationen sollen zudem durch die Begünstigung von Pkw, die weniger als 50 g CO_2/km emittieren, gefördert werden. Bei der Berechnung der spezifischen Emissionen konnten diese Pkw von 2012 bis 2015 mehrfach angerechnet werden („Super Credits"). Bei Nichteinhaltung der CO_2-Grenzwerte werden die Hersteller mit Geldstrafen, die sich nach der Höhe der Zielverfehlung richten, sanktioniert. Die allgemeine Vorgabe von 130 g CO_2/km gilt bis 2019 und wird dann durch eine strengere ersetzt. So dürfen nach Verordnung (EU) Nr. 333/2014 ab 2020 nur noch durchschnittlich 95 g CO_2/km ausgestoßen werden. Im Jahr 2020 muss dieser Grenzwert zu 95 % und im darauffolgenden Jahr zu 100 % erfüllt werden. Die zukünftigen Regelungen werden in Verordnung (EU) Nr. 333/2014 genauer spezifiziert, beinhalten aber die gleichen Elemente wie „Phase-In", „Eco-Innovations", „Super Credits", gewisse Ausnahmeregelungen und den Sanktionsmechanismus. Die Änderung des Verfahrens zur Messung der CO_2-Emissionen, die allerdings erst 2017 vollzogen wird, stellt eine wichtige Neuerung der 2014 verabschiedeten Verordnung im Vergleich zur vorherigen dar (siehe Kap. 4.2.1). Grenzwerte für den Zeitraum nach 2021 sind derzeit (Stand: Januar 2017) noch nicht beschlossen, werden aber rege und kontrovers diskutiert (siehe Kap. 5.2).

Um den EU-Richtlinien zum Ausbau des Anteils der EE am Endenergieverbrauch im Verkehrssektor gerecht zu werden, hat Deutschland auf nationaler Ebene eine Beimischungsquote für Biokraftstoffe[63] festgelegt. Das Gesetz zur Einführung einer Biokraftstoffquote durch Änderung des Bundes-Immissionsschutzgesetzes und zur Änderung energie- und

[63] Folgende Erzeugnisse sind als Biokraftstoffe in Deutschland nutzbar: Biodiesel, Bioethanol, Hydriertes Pflanzenöl, Biogas/Biomethan, Pflanzenölkraftstoff, Biomethanol, Biobutanol, Zellulose-Ethanol, Wasserstoff aus Biomasse, Kraftstoff aus Biomass-to-Liquid (BtL) und biotechnologisch erzeugte Kohlenwasserstoffe (Bundesregierung 2015a, S. 4/5).

stromsteuerlicher Vorschriften (Biokraftstoffquotengesetz – BioKraftQuG) geht auf das Jahr 2006 zurück und schrieb bis einschließlich 2014 steigende Mindestanteile von Biokraftstoffen am Energiegehalt der in Verkehr gebrachten Kraftstoffmengen vor (mit Unterquoten für Benzin- und Dieselkraftstoffe). Mit dem Gesetz zur Änderung der Förderung von Biokraftstoffen (BioKraftÄndG) im Juli 2009 wurden die Quoten geändert. Laut Art. 1 Abs. 3 d) galten energiebezogene Gesamtquoten für Biokraftstoffe von 5,25 % für 2009 und 6,25 % für den Zeitraum von 2010 bis 2014. Die Mindestquote für Biokraftstoffe an Ottokraftstoffen lag bei 2,8 % und bei 4,4 % für Biodiesel. Zudem waren für die Erfüllung der Quote die Verwendung von Biomethan und biogener Reinkraftstoffe möglich. Seit 2015 ist nicht mehr die Höhe der Quote vorgegeben, sondern es müssen THG-Reduktionen im Kraftstoffsektor durch die Beimischung von Biokraftstoffen erzielt werden. Das Zwölfte Gesetz zur Änderung des Bundes-Immissionsschutzgesetzes aus dem Jahr 2014, welches die Quoten anpasst, die im BioKraftÄndG (i.d.F. von 2009) für 2015 festgelegt waren, schreibt nach Art. 1 Abs. 4 c) eine THG-Minderung von 3,5 % im Jahr 2015, 4 % ab 2017 und 6 % ab 2020 durch die Beimischung von Biokraftstoffen oder Verwendung von Strom in Straßenfahrzeugen vor. Aufgrund der europäischen Vorgaben (siehe Kap. 2.2.2), dass Biokraftstoffe nachhaltig und mit 35 %, 50 % bzw. 60 % geringeren THG-Emissionen als fossile Kraftstoffe hergestellt werden sollen, variiert der resultierende energetische Biokraftstoffanteil im Zeitverlauf.[64] Diese Nachhaltigkeitskriterien sind über die Verordnung über Anforderungen an eine nachhaltige Herstellung von Biokraftstoffen (Biokraftstoff-Nachhaltigkeitsverordnung – Biokraft-NachV) in nationales Recht umgesetzt. Die Verordnung regelt außerdem die Einhaltung der Nachhaltigkeitsanforderungen für Biokraftstoffe über ein Zertifizierungssystem. Um besonders klimafreundliche Biokraftstoffe (hauptsächlich aus Abfällen und Reststoffen hergestellt) zu fördern, konnten diese nach der Änderung der Verordnung zur Durchführung der Regelungen der Biokraft-

64 Naumann et al. 2014, S. 3 f.

stoffquote zwischen 2011 und 2014 doppelt auf die energetische Biokraftstoffquote angerechnet werden. Bei der THG-minderungsbasierten Biokraftstoffquote seit 2015 haben entsprechende Biokraftstoffe bereits einen Wettbewerbsvorteil gegenüber Biokraftstoffen mit geringeren THG-Reduktionen, so dass eine zusätzliche Förderung durch die doppelte Anrechnung nicht mehr nötig erscheint.

Die Verordnung über Verbraucherinformationen zu Kraftstoffverbrauch, CO_2-Emissionen und Stromverbrauch neuer Personenkraftwagen (Pkw-Energieverbrauchskennzeichnungsverordnung – Pkw-EnVKV) setzt als informatorisches Instrument an der Verhaltensbeeinflussung von Verbrauchern über eine bessere Informationsbereitstellung in Bezug auf Kraftstoffeffizienz und CO_2-Emissionen von Pkw an. Die nicht mehr aktuelle Fassung von 2004 verpflichtete die Hersteller und Verkäufer von Pkw, Kraftstoffverbrauchs- und CO_2-Emissionswerte für Neuwagen numerisch anzugeben. Mit der Novellierung der Verordnung im Jahr 2011 wird zusätzlich eine Einteilung von Neuwagen in Effizienzklassen vorgenommen. Dabei wird die „CO_2-Effizienz" der Pkw anhand von CO_2-Emissionen und Leergewicht ermittelt und mit dem Wert eines Referenzfahrzeugs verglichen. Abhängig vom Grad der Über- oder Unterschreitung des Referenzwertes wird das entsprechende Fahrzeug einer Effizienzklasse zugeordnet. Bei elektrisch angetriebenen Pkw wird anstatt des Kraftstoffverbrauchs der Stromverbrauch ausgezeichnet. Die Angaben werden übersichtlich auf einem Informationsblatt mit einheitlich vorgegebenem Layout dargestellt und dieses muss gut sichtbar in der Nähe des Fahrzeugs positioniert sein. Außerdem sind Hersteller und Verkäufer verpflichtet, eine Übersicht der CO_2-Effizienz für alle am Verkaufsort zum Kauf oder Leasing angebotenen Pkw zur Verfügung zu stellen und Kunden auf Anfrage unentgeltlich einen „Leitfaden über den Kraftstoffverbrauch, die CO_2-Emissionen und den Stromverbrauch" auszuhändigen.

Als Maßnahme zur besseren Informierung der Verbraucher über die Kosten von alternativen Kraftstoffen wird über eine einheitliche Preisauszeichnung (beispielsweise nach Liter-Äquivalent) für Kraftstoffe an

Tankstellen nachgedacht. Außerdem sollen die unterschiedlichen Tankoptionen von alternativen Kraftstoffen an Bundesautobahnen angezeigt werden um Zugang und Planbarkeit für die Verbraucher zu erhöhen.[65]

Neben Effizienzsteigerungen und Förderung alternativer Energieträger sollen neue Mobilitätskonzepte gefördert werden. Das Carsharing hat in den letzten Jahren an Bedeutung gewonnen und wird als Treiber für die intermodale Mobilität gesehen.[66] Im Dezember 2016 wurde der Entwurf eines Gesetzes zur Bevorrechtigung des Carsharings (Carsharinggesetz – CsgG) beschlossen, der die Nutzung von Carsharing-Angeboten über die Bereitstellung spezieller Carsharing-Parkplätze und Befreiung von Parkgebühren erhöhen soll. Außerdem wird den Carsharing-Anbietern über ein Ausschreibungsverfahren ermöglicht, Abhol- und Rückgabestellen in den öffentlichen Raum zu verlagern. In Bezug auf den Beitrag zum Klimaschutz ist die Auswirkung von Carsharing nicht eindeutig. Wenn es tatsächlich zu einer Substitution von privat genutzten Pkw durch Carsharing kommen würde, könnte dies THG-Einsparpotenziale bieten. Es ist allerdings auch denkbar, dass Carsharing komplementär zum ÖPNV und zur privaten Nutzung von Pkw als zusätzliches Angebot entsteht und somit die absolute Menge an Fahrten noch zunimmt. Aufgrund dieser Unsicherheit und der nicht abschätzbaren Entwicklung von Carsharing-Angeboten in der Zukunft wird die Förderung von Carsharing im Laufe dieser Arbeit nicht weiter untersucht.[67]

Mit dem Gesetz zur Bevorrechtigung der Verwendung elektrisch betriebener Fahrzeuge (Elektromobilitätsgesetzt – EmoG) werden zusätzliche Anreize für die Nutzung von Elektrofahrzeugen durch die Gewährung von Sonderprivilegien im Straßenverkehr geschaffen. Das Gesetz ermöglicht für Elektrofahrzeuge die Reservierung von Parkplätzen an Ladestationen im öffentlichen Raum, die Reduzierung von Parkgebühren und

[65] BMVBS 2013, S. 35.

[66] BMVBS 2013, S. 36/37.

[67] BMVBS 2013, S. 39.

Ausnahmeregelungen für Zufahrtsbeschränkungen, die aufgrund von Lärm- oder Schadstoffemissionen angeordnet wurden.

Geschwindigkeitsbeschränkungen auf deutschen Autobahnen durchgängig einzuführen, ist ein weiteres umstrittenes Klimaschutzinstrument. Die Begrenzung der zulässigen Höchstgeschwindigkeit auf 120 oder 130 km/h soll zu einem besseren Verkehrsfluss und niedrigeren Verbrauchswerten führen und damit THG-Emissionen reduzieren. Darüber hinaus wird der Anreiz verringert, hochmotorisierte Pkw mit i. d. R. hohen Kraftstoffverbräuchen zu erwerben. Grundsätzlich liegt die positive Klimawirkung dieser Maßnahme „auf der Hand". Ihre Durchsetzung ist jedoch immer wieder auf den Widerstand von Automobilherstellern und anderen Stakeholdern gestoßen und wurde nicht umgesetzt. Da die Klimawirkung dieser Maßnahme durch die Verflüssigung des Verkehrs und geringere Kraftstoffverbräuche relativ eindeutig ist, bedarf es keiner detaillierten Untersuchung in Kapitel Vier.[68]

Der Vollständigkeit halber werden an dieser Stelle noch die Umweltzonen erwähnt, welche als kommunale Maßnahmen zur Reduzierung verkehrsbedingter Luftschadstoffe einzustufen sind. Derzeit gibt es 54 Umweltzonen in Deutschland, die nur von Pkw mit einer entsprechenden Plakette befahren werden dürfen.[69] Durch die Fünfunddreißigste Verordnung zur Durchführung des Bundes-Immissionsschutzgesetzes (Verordnung zur Kennzeichnung der Kraftfahrzeuge mit geringem Beitrag zur Schadstoffbelastung – 35. BImSchV) erfolgt eine Einteilung der Pkw in Schadstoffgruppen abhängig von hauptsächlich Feinstaub- und Stickstoffdioxidausstoß, welche ausschlaggebend für die Bestimmung der Plakette ist. Obwohl es sich bei Umweltzonen eigentlich um eine umweltpolitische Maßnahme handelt (siehe Kap. 2.3), besteht ein Zusammenhang mit der Klimaschutzpolitik. Ob sich die Einführung von Umweltzonen positiv oder negativ auf den Klimaschutz auswirkt, hängt von

---

[68] Bundesregierung 2016, S. 222 – 225.

[69] UBA 2016f.

Verhaltensänderungen der Wirtschaftssubjekte in Bezug auf Mobilitätsanforderungen und der technologischen Weiterentwicklung der Antriebe ab. Kommt es durch die Umweltzonen zu einer starken Verlagerung von Pkw-Verkehr auf den ÖPV, ist mit positiven Effekten zu rechnen. Findet keine starke Verlagerung statt, würde vermutlich der Pkw-Verkehr aufgrund der notwendigen Umfahrung der Umweltzonen zunehmen. Jedoch erfüllen neuere Fahrzeuge in der Regel strengere Grenzwerte in Bezug auf Schadstoff- und THG-Emissionen. Wird eine neue Plakette mit verschärften Grenzwerten eingeführt (derzeit ist beispielsweise die blaue Umweltplakette in der Diskussion), ist davon auszugehen, dass eine erhöhte Anreizwirkung für die Verbraucher besteht, neue Pkw anzuschaffen, die die neuen Anforderungen der Plakette erfüllen und tendenziell geringere THG-Emissionen aufweisen.

Darüber hinaus ist denkbar, dass der Umfang der Umweltzonen nicht nur auf die Luftqualität beschränkt bleibt, sondern auch THG-Emissionen berücksichtigt.[70] Dies hätte weitreichende Folgen im Hinblick auf die Antriebstechnologien von Pkw und damit auf deren Klimawirkung.

3.3 Steuern/Subventionen

Das Energiesteuergesetz (EnergieStG), das die Vorgaben der Richtlinie 2003/96/EG des Rates zur Restrukturierung der gemeinschaftlichen Rahmenvorschriften zur Besteuerung von Energieerzeugnissen und elektrischem Strom umsetzt und aus dem früheren Mineralölsteuergesetz (MinöStG) hervorgegangen ist, nimmt die Besteuerung von Energieerzeugnissen vor. Diese ist abhängig von der Verwendung der Energie-

[70] Obwohl es noch keinen konkreten Vorschlag dafür gibt, plädieren die Umweltverbände für emissionsfreie Innenstädte ab 2030 (Erhard et al. 2014, S. 63). Dies erscheint nur über die Einrichtung von Verbotszonen für mit fossilen Energieträgern angetriebenen Pkw realisierbar. Außerdem ist von der CO_2-neutralen Stadt der Zukunft die Rede, die sich nur durch vollständigen Verzicht auf die Nutzung fossiler Energieträger umsetzen lässt (vgl. Bundesregierung 2015b).

erzeugnisse als Kraft- oder Heizstoff. Von besonderer Bedeutung für den MIV sind die Energieerzeugnisse Benzin, Diesel, Erdgas (CNG), Flüssiggas (LPG) und Biokraftstoffe.[71] Diese werden mit unterschiedlichen Steuersätzen belegt und sind teilweise von Steuerbegünstigungen oder -befreiungen betroffen. Seit 2003 haben sich die Energiesteuersätze für Benzin und Diesel nicht mehr geändert und liegen bei jeweils 0,65 €/Liter und 0,47 €/Liter. Bis zum 31.12.2018 gelten für Erdgas (CNG) und Flüssiggas (LPG) vergünstigte Steuersätze.[72] Diese betragen für Erdgas 13,90 €/Megawattstunde (MWh) und für Flüssiggas 180,32 €/t. Um die Steuerbelastung vergleichbar zu machen, ist eine Umrechnung auf eine einheitliche Messeinheit wie beispielsweise Kilowattstunden (kWh) notwendig.

Aus Tabelle 3 geht hervor, dass es zu einer erheblichen steuerlichen Besserstellung von Erdgas, Flüssiggas und Biomethan im Vergleich zu den herkömmlichen fossilen Energieträgern kommt.

Tab. 3: Energiesteuersätze für Kraftstoffe

Kraftstoff	Energiesteuer in ct/kWh
Benzin	7,3
Diesel	4,7
CNG	1,4
Biomethan aus Bioabfall	
LGP	1,3

Quelle: Eigene Darstellung in Anlehnung an Heidt et al. 2013, S. 80.

[71] Die Besteuerung von Strom wird über das Stromsteuergesetz (StromStG) geregelt. Da Strom zum aktuellen Zeitpunkt jedoch nur eine unbedeutende Rolle als Energieträger für den MIV spielt, wird auf die Besteuerung von Strom nicht weiter eingegangen.

[72] Am 19.05.2016 wurde der Entwurf eines Zweiten Gesetztes zur Änderung des Energie- und Stromsteuergesetzes vorgelegt. Dieser sieht die Verlängerung der steuerlichen Begünstigung von CNG und LPG vor.

Bei Biokraftstoffen hat deren Nutzung bzw. die „Güte" der Kraftstoffe Einfluss auf die Besteuerung. So profitierten herkömmliche (nicht förderungswürdig nach § 2 EnergieStG) Biokraftstoffe, die fossilen Kraftstoffen beigemischt werden, nicht von Steuervergünstigungen. Die Förderung für Bioreinkraftstoffe ist im Jahr 2012 weitestgehend ausgelaufen und beträgt seit dem Jahr 2013 für Biodiesel und Pflanzenölkraftstoff laut § 50 EnergieStG lediglich 0,0214 €/Liter. Steuerentlastungen galten für Biomethan, Btl-Kraftstoffe und Zellulose-Ethanol bis Ende 2015 unabhängig davon, ob sie als Reinkraftstoff genutzt oder fossilen Kraftstoffen beigemischt wurden. Darüber hinaus wird der Öffentliche Personennahverkehr (ÖPNV) durch Steuerentlastungen bei Benzin, Erdgas und Flüssiggas nach § 56 EnergieStG gefördert.

Das Kraftfahrzeugsteuergesetz (KraftStG) regelt die Besteuerung für das Halten von Pkw zum Verkehr auf öffentlichen Straßen im Inland. Im Jahr 2009 wurde die Ausgestaltung der Steuer geändert und beinhaltet seitdem eine CO_2-Komponente. Die neuen Regelungen gelten für Pkw, die ab dem 01.07.2009 zugelassen wurden. Ältere Fahrzeuge unterliegen weiterhin der alten Besteuerung, die an Hubraum und Luftschadstoffen ausgerichtet ist. Nach § 9 Abs. 1 Nr. 2 b) KraftStG müssen für Pkw mit Fremdzündungsmotoren (i. d. R. Benzinmotoren) 2 € pro 100 Kubikzentimeter Hubraum gezahlt werden und für Pkw mit Selbstzündungsmotoren (i. d. R. Dieselmotoren) 9,50 € pro 100 Kubikzentimeter Hubraum entrichtet werden. Hinzu kommen 2 € pro Gramm CO_2 bei Überschreiten eines festgelegten Grenzwertes. Dieser Grenzwert lag bis Ende 2011 bei 120 g/km, ab 2012 bei 110 g/km und seit 2014 liegt er bei 95 g/km. Steuerbefreiungen werden nach § 3d KraftStG für Elektrofahrzeuge zehn Jahre lang gewährt, wenn diese bis zum 31.12.2015 zugelassen wurden und fünf Jahre, wenn sie in dem Zeitraum vom 01.01.2016 bis 31.12.2020 zugelassen werden. Außerdem wurde Dieselfahrzeugen eine Steuerbefreiung von 150 € gewährt, wenn sie bei Zulassung zwischen dem 01.01.2011 und dem 31.12.2013 bereits die Schadstoffnorm Euro 6 erfüllt haben. Aufgrund der teilweisen Ausrichtung der Kfz-Steuer an den CO_2-Emissionen ab dem Jahr 2009 erscheint eine genaue Analyse in Kapitel Vier im Hinblick auf den Beitrag zum Klimaschutz gewinnbringend.

Die Besteuerung von Dienstwagen über das Einkommensteuergesetz (EStG) weist in Deutschland Besonderheiten auf, die systematischen Einfluss auf die Wahl und Nutzung von Dienstwagen haben. Einerseits können Arbeitnehmer, die einen Dienstwagen zur Verfügung gestellt bekommen, nach § 6 Abs. 1 Nr. 4 Satz 2 bis 4 EStG diesen monatlich mit 1 % des inländischen Bruttolistenpreises als Entnahmegewinn versteuern, wenn die Nutzung zu mehr als 50 % betrieblich erfolgt oder kein Fahrtenbuch geführt wird. Andererseits können Unternehmen gemäß § 7 Abs. 1 Satz 1 EStG Dienstwagen als Anschaffungs- und Betriebskosten absetzen, auch wenn diese privat genutzt werden. Der THG-Ausstoß der Fahrzeuge wird bei der Besteuerung nicht berücksichtigt. Allerdings wurde das EStG dahingehend geändert, dass für Elektro-, Hybrid- und Brennstoffzellenfahrzeuge die Kosten des Akkumulators aus dem Bruttolistenpreis herausgerechnet werden können. Da diese Fahrzeuge deutlich teurer in der Anschaffung sind als herkömmliche Pkw, wird der Nachteil, der ihnen durch die 1%-Regel entsteht, ausgeglichen. Wenngleich die Steuer selber keinen klimaschutzpolitischen Lenkungszweck erfüllt, stellt die in der Diskussion stehende Veränderung der Dienstwagenbesteuerung ein klimapolitisches Instrument dar. Da ein großer Anteil der pro Jahr neu zugelassenen Pkw dienstlich angeschafft wird (siehe Kap. 4.3.3), hat die Ausgestaltung der Dienstwagenbesteuerung große Relevanz für die Klimapolitik des MIV und wird deshalb im folgenden Kapitel näher betrachtet.

Die Entfernungspauschale, die ebenfalls im EStG geregelt ist, kompensiert Arbeitnehmer für ihre Fahrt zur Arbeitsstätte. Nach § 9 EStG können 0,3 € pro Kilometer für jeden vollen Kilometer zwischen Wohnung und Tätigkeitsstätte angesetzt werden. Die Geltendmachung ist für eine einfache Fahrt pro Arbeitstag möglich. Dadurch setzt die Entfernungspauschale Anreize, tendenziell längere Arbeitswege in Kauf zu nehmen. Außerdem gilt eine Höchstgrenze von 4.500 € für die steuerliche Absetzbarkeit aller Verkehrsmittel außer Pkw und es kommt somit zu einer einseitigen Bevorzugung von Pkw gegenüber klimafreundlicheren

Verkehrsmitteln wie Bus und Bahn. Dementsprechend kann die Umgestaltung der Entfernungspauschale als klimapolitische Maßnahme verstanden werden.

Eine weitere in der Diskussion stehende Maßnahme ist die Pkw-Maut. Dabei handelt es sich um eine Abgabe für die Straßennutzung. In der Regel wird die Pkw-Maut als Mittel für die Finanzierung von Instandhaltung und Ausbau der Straßeninfrastruktur gesehen.[73] Jedoch kann von ihr, insbesondere, wenn sie als fahrleistungsabhängige Maut ausgestaltet ist und eine Differenzierung nach Schadstoff- oder CO_2-Emissionen vorgenommen wird, eine positive Klimaschutzwirkung ausgehen, da sie dann ähnlich wie die Energiesteuer verursachergerecht die tatsächliche Pkw-Nutzung verteuert.[74]

Mit der Richtlinie zur Förderung des Absatzes von elektrisch betriebenen Fahrzeugen (Umweltbonus) vom 29.06.2016 sollen die Absatzziele der Bundesregierung von Elektrofahrzeugen unterstützt werden. Der Erwerb, Kauf oder das Leasing von BEVs, PHEVs und FCEVs wird finanziell gefördert. Die eine Hälfte der finanziellen Förderung wird vom Staat getragen und die andere Hälfte von der Industrie; jeweils mit 600 Mio. €. Es ergibt sich eine Förderung von 4.000 € für BEVs und FCEVs und 3.000 € für PHEVs, wenn diese den Netto-Listenpreis von 60.000 € nicht überschreiten. Da die Mittel auf insgesamt 1,2 Mrd. € begrenzt sind, gilt die Förderung nur bis zur Ausschöpfung dieser Mittel, höchstens jedoch bis 30.06.2019.

Der Aufbau alternativer Kraftstoffinfrastrukturen spielt eine wichtige Rolle, um Antriebsinnovationen zum Durchbruch zu verhelfen.[75] Dies

---

[73] Vgl. Sieg 2014 und Wieland 2014.

[74] UBA 2015b, S. 5/6.

[75] Die Bereitstellung von Infrastruktur, welche als öffentliches Gut angesehen wird, ist eigentlich originäre Aufgabe des Staates. Allerdings kommt es hier zu einer technologiespezifischen Förderung einzelner Kraftstoffinfrastrukturen um dem Klimaschutz Rechnung zu tragen und um die Importabhängigkeit von Erdöl zu verringern (Art. 2 Richtlinie

wurde auf europäischer Ebene mit der Richtlinie 2014/94/EU, bekannt als „Clean Power for Transport"-Strategie, angestoßen. Diese Richtlinie verpflichtet Mitgliedsstaaten nationale Strategien zur Förderung alternativer Energieträger und entsprechender Infrastruktur zu erarbeiten. Der europaweiten Vereinheitlichung von technischen Standards zum Tanken bzw. Laden kommt dabei eine große Bedeutung zu. Konkret soll eine angemessene Anzahl von Ladepunkten bzw. Tankstellen für alternative Kraftstoffe[76] geschaffen werden. Dazu soll zunächst auf nationaler Ebene eine Bewertung der nationalen und unionsweiten Nachfrage an alternativen Kraftstoffen vorgenommen und daraus Zielsetzungen abgeleitet werden. Auf den Zielen aufbauend sollen Maßnahmen für deren Erreichung erarbeitet werden.

Gemäß Art. 4, 5 und 6 der Richtlinie sind folgende Anforderungen vorgesehen:

- angemessene Anzahl öffentlich zugänglicher Ladepunkte zur Versorgung von Elektrofahrzeugen in (vor)städtischen und anderen dicht besiedelten Ballungsräumen bis spätestens 31.12.2020,
- angemessene Anzahl öffentlich zugänglicher CNG-Tankstellen in (vor)städtischen und anderen dicht besiedelten Ballungsräumen bis spätestens 31.12.2020,
- angemessene Anzahl öffentlich zugänglicher Wasserstofftankstellen, wenn sich die jeweiligen Mitgliedsstaaten für eine Förderung dieses Energieträgers entscheiden, in (vor)städtischen und anderen besiedelten Ballungsräumen bis spätestens 31.12.2025.

Die Umsetzung der Richtlinie 2014/94/EU ist in Deutschland in Bezug auf Elektrizität als alternativen Kraftstoff bereits mit der Verordnung

2014/94/EU). Aus diesem Grund wird die Infrastrukturförderung als Subvention im Rahmen dieser Arbeit eingeordnet.

[76] Dazu zählen nach Art. 2 Richtlinie 2014/94/EU: Elektrizität, Wasserstoff, Biokraftstoffe gemäß Richtlinie 2009/28/EG, synthetische und paraffinhaltige Kraftstoffe, Erdgas einschließlich Biomethan (CNG und Flüssigerdgas) und Flüssiggas (LPG).

über technische Mindestanforderungen an den sicheren und interoperablen Aufbau und Betrieb von öffentlich zugänglichen Ladepunkten für Elektromobile (Ladesäulenverordnung – LSV) erfolgt. Zusätzlich werden über die NPE 550 Mio. € für die Schnelllade- und Normalladeinfrastruktur bis 2020 bereitgestellt.[77] Die Wasserstoffinfrastruktur wird über die Initiative H_2 MOBILITY gefördert. Auf den Aufbau einer Biokraftstoffinfrastruktur kann größtenteils aufgrund der hauptsächlichen Beimischung von Biokraftstoffen zu fossilen Kraftstoffen verzichtet werden. Der Ausbau der LPG-Infrastruktur ist mit über 6.000 Tankstellen schon weit fortgeschritten und es ist keine besondere Förderung vorgesehen.[78]

Obwohl der Infrastrukturaufbau für alternative Kraftstoffe langfristig sicherlich einen wichtigen Beitrag zur Transformation des Verkehrssektors leistet, ist der Zusammenhang mit der Reduktion von THG-Emissionen derzeit nur sehr mittelbar. Einerseits hängt der Erfolg einer alternativen Antriebsart und der daraus resultierenden Nutzung eines alternativen Kraftstoffs nicht nur von dem Ausbaugrad der Infrastruktur, sondern von sehr vielen anderen Faktoren ab. Andererseits sind die THG-Emissionen alternativer Antriebe keineswegs Null oder zwangsläufig niedrigerer als diejenigen herkömmlicher Antriebe (zumindest derzeit), wenn man die THG-Emissionen über den gesamten Lebenszyklus berücksichtigt (siehe Kap. 4.2.2 u. 4.3.4). Aus diesen Gründen wird die Infrastrukturförderung nicht näher im Rahmen dieser Arbeit betrachtet.

Die Verkehrsverlagerung des MIV auf klimafreundlichere Verkehrsträger stellt ebenfalls einen Weg zur THG-Reduktion im Verkehrssektor dar. Maßnahmen finden sich im Nationalen Radverkehrsplan (NRVP) 2020 und im Aktionsprogramm Klimaschutz 2020. Dabei geht es schwerpunktmäßig um den Ausbau und die bessere Vernetzung von Rad- und Fußwegen, Erhöhung der Verkehrssicherheit von Fuß- und

---

[77] NPE 2016, S. 17.

[78] BMVBS 2013, S. 29.

Radfahrern und die Förderung von Pedelecs.[79,80] Der öffentliche Personenverkehr (ÖPV) wird als „Rückgrat" der Mobilität breiter Bevölkerungsschichten gesehen und soll stärker gefördert werden.[81] Einerseits werden dem öffentlichen Personenfernverkehr höhere Bundesmittel zur Verfügung gestellt, insbesondere in Bezug auf die Schieneninfrastruktur.[82] Andererseits soll der Einsatz alternativer Antriebe für die im öffentlichen Personennahverkehr eingesetzten Verkehrsträger deutlich ausgebaut werden.[83]

3.4 Emissionshandel

Dem Emissionshandel wird großes Potenzial zur Lösung der Klimaschutzproblematik zugeschrieben. In Europa gilt er in Form des EU ETS als wichtigstes Instrument, die THG-Emissionen vieler Sektoren wirksam zu begrenzen. Durch die Ausgabe von Zertifikaten, die zum Ausstoß einer festgelegten Menge CO_2berechtigen (ein Zertifikat = eine Tonne CO_2) und vom Emittenten im entsprechenden Umfang vorgehalten werden müssen, und der Festlegung einer Gesamtmenge an Zertifikaten („cap") kann der Ausstoß von CO_2-Emissionen genau gesteuert werden. Der sich aus der begrenzten Menge an Zertifikaten bildende Marktpreis für Zertifikate sendet ein Knappheitssignal an die Emittenten und gibt den Marktteilnehmern die Möglichkeit, abhängig von ihren individuellen Vermeidungskosten Zertifikate zu erwerben oder CO_2 einzusparen. Die Zertifikate können frei zwischen den Beteiligten gehandelt werden („trade"). In der derzeitigen dritten Handelsperiode des EU ETS wird die Menge an Zertifikaten zwischen 2013 und 2020 jährlich um 1,74 %

---

[79] Unter *Pedelecs* werden Fahrräder mit einem maximal 250 Watt starken Elektromotor, der den Fahrer während des Tretvorgangs unterstützt, verstanden (BMVBS 2012, S. 47).

[80] Vgl. BMVBS 2012.

[81] BMVBS 2013, S. 39.

[82] BMUB 2014, S. 50.

[83] BMVBS 2013, S. 46/47.

reduziert.[84] In Deutschland werden bereits ungefähr die Hälfte aller Emissionen durch das EU ETS erfasst.[85] So erscheint es folgerichtig, bis jetzt nicht erfasste Sektoren wie den Verkehrssektor in dieses System miteinzubeziehen. Befürworter der Ausweitung des Emissionshandels auf andere Sektoren führen an, dass die Effizienz dieses Instruments mit seiner Ausdehnung zwangsläufig weiter zunimmt.[86] Jedoch ist diese Einschätzung keineswegs trivial und eindeutig. Die Bewertung hängt von der konkreten Ausgestaltung des Emissionshandelssystems und dem Zusammenspiel mit anderen Instrumenten ab. Darüber hinaus müssen die zeitliche Komponente des Klimaschutzes und die Eigenheiten des Verkehrssektors berücksichtigt werden. Während das derzeitige System einen „Downstream"-Ansatz verfolgt, bei dem die Endverbraucher die Zertifikate vorweisen müssen, werden für den Verkehrssektor andere Ansätze diskutiert. Die Vielzahl der Einflussfaktoren auf die Wirksamkeit eines Emissionshandelssystems für den Verkehrssektor lässt eine vertiefende Analyse sinnvoll erscheinen, die im nächsten Kapitel vorgenommen wird.

---

[84] Europäische Union 2009b, S. 64.

[85] UBA 2014b, S. 13.

[86] Vgl. Heymann 2014 und Nader/Reichert 2015.

4

Ökonomische Analyse und Bewertung einzelner Instrumente des Klimaschutzes und ihrer Wirkung im Verbund

4.1 Ökonomische Bewertungskriterien

Um eine kohärente Bewertung der Instrumente des Klimaschutzes vornehmen zu können, müssen Bewertungskriterien definiert und daraufhin einheitlich auf alle Instrumente angewendet werden. In der Theorie der Wirtschaftspolitik haben sich die Kriterien „Effektivität" und „Effizienz" als Standard herausgebildet.

Unter dem Aspekt „Effektivität", auch „ökologische Treffsicherheit" genannt, wird untersucht, ob und inwieweit ein politisch vorgegebens Ziel (oder theoretisch ein gesamtwirtschaftlich optimales Level der Externalität) erreicht wird.[87] In Bezug auf diese Arbeit bedeutet dies zweierlei. In einem ersten Schritt wird die Effektivität einer Maßnahme für die Erreichung des in Zusammenhang mit der Maßnahme festgelegten (Zwischen-)Ziels analysiert. Daran anschließend wird die Maßnahme auf ihren Beitrag zur absoluten Minderung der THG-Emissionen im Verkehrssektor untersucht. Diese Unterscheidung erscheint zweckmäßig, da kein unmittelbarer Zusammenhang zwischen den für die Maßnahme formulierten vorgelagerten (Zwischen-)Zielen und dem nachgelagerten, übergeordneten Ziel der THG-Reduktion bestehen muss.

[87] Fritsch 2011, S. 100.

Das Kriterium „Effizienz“ lässt sich in „statische Effizienz“ und „dynamische Effizienz“ ausdifferenzieren. Die Untersuchung statischer Effizienz zielt darauf ab, inwieweit ein bestimmtes Ziel unter konstanten Rahmenbedingungen zu den geringsten volkswirtschaftlichen Kosten zu einem Zeitpunkt erreicht wird. Bei der dynamischen Effizienz geht es um die Analyse der Anreizwirkung des Instruments in der Zukunft. Es wird der Frage nachgegangen, ob das Instrument Verhaltensweisen, die auf die vorbeugende Vermeidung der Externalität ausgerichtet sind, stimuliert oder die Suche nach kostengünstigeren Vermeidungsoptionen anregt.[88] Unter dynamischer Perspektive geht es um Fragen des technischen Fortschritts, des ungehinderten Marktzugangs und der jeweils effizienten Anpassung an sich verändernde Rahmenbedingungen.

4.2 Ordnungsrechtliche Instrumente

4.2.1 CO_2-Grenzwerte

Das in diesem Abschnitt beschriebene Instrument bezieht sich auf die Verordnung (EG) Nr. 443/2009 und Verordnung (EU) Nr. 333/2014, deren Ausgestaltungen in Kap. 3.2 bereits erläutert wurden.

Bei den CO_2-Grenzwerten handelt es sich um ein ordnungsrechtliches Gebot. Grundsätzlich sind Gebote treffsicher, wenn sie durchgesetzt, kontrolliert und im Falle der Nichteinhaltung ausreichend streng sanktioniert werden.[89] Letzteres ist der Fall, wenn die Höhe der Strafe die Kosten der Einhaltung der Grenzwerte übersteigt (da sonst die Nichteinhaltung rational wäre)[90]. Im konkreten Fall werden in Art. 8 der Verordnung die Überwachung und Meldung der CO_2-Werte geregelt und in Art. 9 die Sanktionierung festgelegt. Bis 2018 muss bei einer Überschrei-

---

88 Fritsch 2011, S. 99.

89 Creutzig et al. 2011, S. 2401.

90 Mit der Nichteinhaltung gehen ggf. zusätzliche Kosten, die durch damit verbundenen Glaubwürdigkeitsverlusten oder Imageproblemen entstehen, einher.

tung des herstellerspezifischen Grenzwertes von mehr als 3 g CO_2/km für jedes zusätzliche Gramm 95 € plus einen Pauschalbetrag von 45 € für jeden neu zugelassenen Pkw des Herstellers in der EU gezahlt werden.[91] Ab 2019 gibt es keinen Spielraum für die Überschreitung mehr und es muss pauschal für jedes zusätzliche Gramm über dem Grenzwert 95 € pro neu zugelassenem Pkw entrichtet werden.

Trotz zahlreicher Ausnahmen und Sondertatbestände erscheint das Instrument für Deutschland grundsätzlich durchaus effektiv ausgestaltet, da der für 2015 erstmals zu 100 % zu erfüllende Grenzwert von 130 g CO_2/km erreicht wurde.[92] Dies wird aus Abbildung 3 ersichtlich. Vorher galt laut Art. 4 die Phase-In-Periode, in der der Grenzwert nur von 65 % im Jahr 2012, von 75 % im Jahr 2013 und von 80 % im Jahr 2014 der zugelassenen Neuwagen erfüllt werden musste. Da es den Herstellern offenstand, ihre in Bezug auf den Verbrauch sparsamsten Fahrzeuge für die Phase-In-Periode anzurechnen, konnte nicht von dem allgemeinen Grenzwert von 130 g CO_2/km für 2015 auf allgemeine Grenzwerte für den Zeitraum von 2012 bis 2014 geschlossen werden, sondern diese mussten herstellerspezifisch berechnet werden.

Ein Blick auf die Veränderungsraten macht außerdem deutlich, dass nach Verabschiedung der Verordnung im Jahr 2009 die Hersteller größere Anstrengungen unternommen haben, die CO_2-Effizienz ihrer Flotte zu erhöhen. Während die durchschnittliche jährliche Effizienzverbesserung von 2003 bis 2008 bei 1,3 % lag, konnte zwischen 2009 und 2015 ein Wert von 3,4 % erreicht werden.[93] Es ist jedoch der Zeithorizont und die vorhergehende Entwicklung zu beachten. Der Verordnung (EG)

---

[91] Um eine grobe Einschätzung über die Größenordnung der Strafe geben zu können, wird ein simples Zahlenbeispiel präsentiert. Bei einer Abweichung von 4 g CO_2/km gegenüber dem für den Hersteller vorgegebenen Grenzwert bei 200.000 neuzugelassenen Pkw würde sich eine Strafe von 200.000 × (95×(4-3)+45) = 28 Mio. € ergeben.

[92] Für die gesamte EU ist das Instrument auch effektiv und der Grenzwert von 130 g CO_2/km wurde bereits 2013 unterschritten. Im Jahr 2015 lag der europäische Durchschnittswert bei 119,6 g CO_2/km (ICCT 2016, S. 2).

[93] Eigene Berechnung basierend auf Daten der Abbildung 4.

Nr. 443/2009 war eine Selbstverpflichtung der Automobilindustrie vorausgegangen, beginnend von 1998 die CO_2-Emissionen von Neuwagen bis 2008 auf 140 g CO_2/km zu reduzieren.[94] Diese wurde zwar verfehlt, aber die absolute Effizienzsteigerung, Emissionen von 189 g CO_2/km im Jahr 1998 auf 164 g CO_2/km im Jahr 2008 zu reduzieren, beträgt immerhin 13 % im Vergleich zu 16 % zwischen 2009 und 2015.[95] Demzufolge sind bereits vor 2009 deutliche Effizienzsteigerungen erzielt worden.

Eine genauere Betrachtung in Bezug auf die Erreichung der herstellerspezifischen CO_2-Emissionen im Jahr 2015 erscheint sinnvoll, da es sich bei den in Abbildung 3 präsentierten Daten lediglich um Durchschnittswerte über alle Hersteller hinweg handelt. Für diese Beurteilung ist zweierlei zu beachten. Erstens machen einige Hersteller von der Möglichkeit

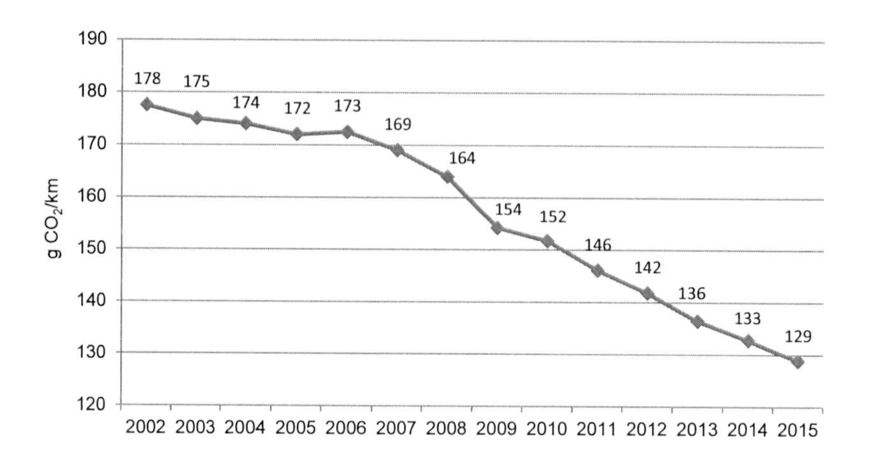

Abb. 3: Durchschnittliche CO_2-Emissionen von Neuwagen in Deutschland von 2002 bis 2015. Quelle: Eigene Darstellung basierend auf Statista 2016a und Dudenhöffer 2014, S. 601.

---

[94] EC 2015, S. 17.

[95] Statista 2016a.

Tab. 4: Übersicht der durchschnittlichen herstellerspezifischen CO_2-Emissionen und -zielwerte in der EU im Jahr 2015

	Marktanteil EU (%)	Durchschnitts-gewicht (kg)	Tatsächliche durchschnittl. CO_2-Emissionen (g CO_2/km)	Spezifischer Zielwert (g CO_2/km)
PSA	11	1.253	105	125
Toyota	4	1.315	108	127
Renault-Nissan	14	1.282	112	126
Ford	7	1.332	118	128
Volkswagen	24	1.411	121	132
Fiat	6	1.242	122	124
Daimler	6	1.561	125	139
BMW	7	1.571	126	139
General Motors	7	1.387	127	131

Quelle: Eigene Darstellung in Anlehnung an ICCT 2016, S. 5.

des Pooling Gebrauch und dementsprechend kann es sich um einen Durchschnittswert für die Emissions-Gemeinschaft handeln. Zweitens gelten der herstellerspezifische Grenzwert und das damit verbundene Strafmaß bei Abweichung für alle in der EU zugelassenen Neuwagen.[96] Tabelle 4 gibt einen Überblick zu den Zielwerten und den tatsächlich erreichten Werten der Hersteller und Emissions-Gemeinschaften. Die in der Tabelle 4 erfassten Hersteller und Emissions-Gemeinschaften haben einen kombinierten Marktanteil von 85 % in Europa und alle unterschreiten deutlich die für sie spezifischen Zielwerte. Es kann somit auf

[96] Da der herstellerspezifische Grenzwert vom Durchschnittsgewicht der zugelassenen Neuwagen abhängt und die Zulassungsstruktur wiederum regional unterschiedlich ist, können sich unterschiedliche CO_2-Zielwerte für die Hersteller auf europäischer und deutscher Ebene ergeben. Beispielsweise beträgt das Durchschnittsgewicht der von BMW zugelassenen Neuwagen für die EU 1.571 kg und für Deutschland 1.652 kg (vgl. Tabelle 3 mit KBA 2016b, S. 18). Daraus ergeben sich auch unterschiedliche Zielwerte. Wie bereits im Text erwähnt, sind jedoch die für die EU ermittelten Zielwerte für die Hersteller entscheidend, da sich danach mögliche Strafen bemessen.

eine hohe ökologische Treffsicherheit des Instruments in Bezug auf den Grenzwert von 130 g CO_2/km geschlossen werden.

Die Erreichung des von der Politik vorgegebenen Ziels von 130 g CO_2/km ist jedoch nicht der einzige für die Effektivität des Instruments relevante Aspekt. Die Höhe des Grenzwertes und die genaue Ausgestaltung des Instruments sind diskutabel und einer kritischen Überprüfung zu unterziehen.

Ein inhärentes Problem von Geboten stellt die Festlegung der „richtigen" Stärke des Instruments dar. Wie in Kapitel 2.1 beschrieben, gibt es zahlreiche Interessenvertreter, die Einfluss auf die Politik und resultierende wirtschaftspolitische Eingriffe nehmen. Im konkreten Fall der CO_2-Grenzwerte gibt es zahlreiche Hinweise, dass der Autoindustrie Zugeständnisse auf Kosten des Klimaschutzes gemacht wurden. Erstens schien zum Zeitpunkt der Verabschiedung der Verordnung (EG) Nr. 443/2009 bereits das technische Potenzial zur Einhaltung der Grenzwerte bis 2015 vorhanden zu sein.[97] Zweitens unterschritt der Großteil der Hersteller und der gebildeten Emissions-Gemeinschaften bereits 2012 die herstellerspezifischen durch das Phase-In abgeschwächten Grenzwerte.[98] Drittens stiegen im Zeitraum von 2005 bis 2014 das durchschnittliche Leergewicht und die durchschnittliche Motorisierung von Neuwagen in Deutschland an, wodurch erhebliche Effizienzpotenziale nicht genutzt bzw. vergeben wurden.[99] Eine Untersuchung zeigt, dass die CO_2-Emissionen der Neuwagen im Zeitraum von 2005 bis 2013 um 12 % hätten sinken können, wenn die Motorleistung auf dem Niveau von 2005 verblieben wäre.[100] Hinzu kommt der geringe Fortschritt bei der Durchdringung von Pkw mit alternativen Antrieben, wodurch weitere Einsparpotenziale hätten realisiert werden können, was für die Fest-

[97] UBA 2010, S. 48/49.

[98] Europäische Kommission 2012, Tab. 1 u. 2.

[99] Löschel et al. 2015, S. 60.

[100] Destatis 2015, S. 1.

legung eines zu hohen Grenzwertes spricht.[101] Viertens gibt es klare Anzeichen für eine Verzögerung und Abschwächung der Verordnung (EG) Nr. 443/2009 durch Lobbyismus-Aktivitäten der Automobilindustrie im Gesetzgebungsverfahren.[102] Im Hinblick auf die zukünftige Ausgestaltung wird kritisiert, dass die Grenzwerte zwischen 2016 und 2019 nicht fortgeschrieben werden und damit weitere Einsparpotenziale verschenkt werden.[103]

Neben der eigentlichen Höhe des Grenzwertes gibt es zahlreiche Details in der Ausgestaltung des Instruments, die die ökologische Wirkung abschwächen. Als erstes ist die Phase-In-Periode zu nennen, die die volle Wirkung der Maßnahme um drei Jahre hinausgezögert hat. Wenngleich eine Phase, in der die Hersteller durch technologische Veränderungsprozesse die Möglichkeit haben, sich auf die Vorgaben einzustellen, grundsätzlich sinnvoll erscheint, waren die Vorgaben für den Zeitraum von 2012 bis 2014, wie im vorherigen Absatz erwähnt, vermutlich nicht ambitioniert genug ausgestaltet. In Bezug auf das zukünftige Ziel von 95 g CO_2/km wird es auch eine Phase-In-Periode geben, jedoch nur für das Jahr 2020 und mit einer Erfüllungsrate von 95 %. Folglich spielt die zukünftige Phase-In-Periode nur eine untergeordnete Rolle.

Die Gewichtskomponente zur Berechnung des herstellerspezifischen CO_2-Grenzwertes stellt ein weiteres wichtiges Merkmal der Maßnahme dar. Die Grenzwertkurve ist in Abhängig des Fahrzeuggewichts linear ausgestaltet, wie aus Abbildung 4 ersichtlich wird.

So ergibt sich für das Referenzfahrzeug mit 1372 kg der Grenzwert von 130 g CO_2/km. Das spezifische Fahrzeuggewicht hat einen unmittelbaren Einfluss auf den CO_2-Ausstoß des entsprechenden Fahrzeugs. Der zusätzlich benötigte Energiebedarf von 100 kg Mehrgewicht eines Pkw

[101] Dudenhöffer 2014, S. 600/601.

[102] Vgl. Nowack/Sternkopf 2015.

[103] Dudenhöffeer 2014, S. 601.

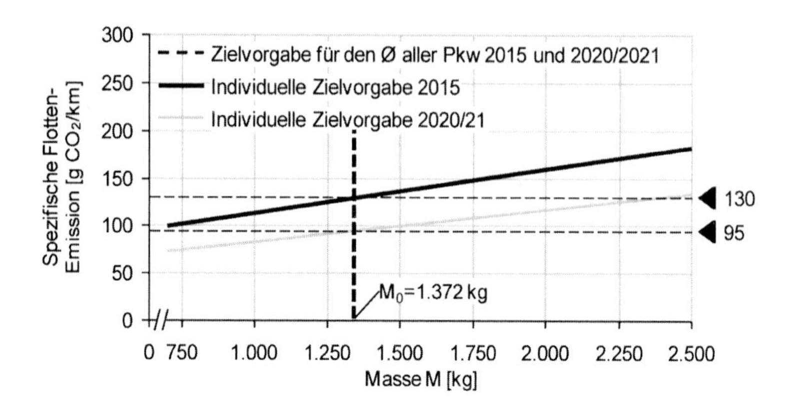

Abb. 4: Grenzwertkurve in Abhängigkeit des Fahrzeuggewichts. Quelle: Ernst et al. 2014, S. 14.

führt in der Regel zu einem Mehrverbrauch von ungefähr 0,4 – 0,5 Litern Kraftstoff, was zusätzlichen CO_2-Emissionen von 9 bis 11 g CO_2/km entspricht.[104] Bei der von der EU gewählten Grenzwertkurve werden CO_2-Einsparungen durch Gewichtsreduktion zu ca. 50 % von dem daraus resultierenden strengeren Grenzwert absorbiert.[105] Demzufolge werden die Anreize, leichtere und damit CO_2-ärmere Pkw zu bauen, deutlich reduziert.

Ab 2020 ändert sich laut Verordnung (EU) Nr. 333/2014 der Gewichtsfaktor von 0,0457 auf 0,0333. Das Gewicht des Referenzfahrzeugs wird abhängig von dem Durchschnittsgewicht der Neuwagen des Zeitraums 2017 – 2019 angepasst. Durch die geringere Steigung der Grenzwertkurve ab 2020 erhöht sich grundsätzlich der Druck, das Gewicht der Fahrzeugflotte zu reduzieren, und stellt deshalb aus Sicht der Effektivität einen Schritt in die richtige Richtung dar. Steigen allerdings das durchschnittliche Gewicht der Neuwagen und damit das Gewicht des Refe-

[104] Puls 2013, S. 26.

[105] Elmer 2010, S. 170.

renzfahrzeugs im selben Zeitraum an, kommt es auf die Stärke dieser gegenläufigen Effekte an.

Einen weiteren Ausgestaltungsaspekt stellt die Gewährleistung von Super Credits dar. Fahrzeuge, die weniger als 50 g CO_2/km emittieren, konnten mehrfach auf das Flottenziel bis 2015 angerechnet werden. In diesem Zusammenhang ist anzumerken, dass bei BEVs ein Emissionsniveau von Null laut NEFZ angenommen wird und diese deshalb doppelt bevorteilt werden.[106] PHEVs werden bei der Erfassung der CO_2-Emissionen durch NEFZ ebenfalls stark bevorteilt, da der elektrische Fahrbetrieb tendenziell überschätzt wird. Verfügt ein PHEV über eine elektrische Reichweite von 25 km, werden die über den NEFZ ermittelten CO_2-Emissionen beim Betrieb des Verbrennungsmotors halbiert.[107] Gegner der „Super Credit"-Regelung argumentieren, dass durch Super Credits der Effizienzdruck auf die herkömmlich angetriebene Fahrzeugflotte reduziert wird. Insbesondere der Trend zur Anschaffung von Sports Utility Vehicles (SUVs) in Deutschland wird als Indiz für eine zu schwache Regulierung gesehen. So hat sich der Marktanteil der SUVs von 2,4 % im Jahr 1998 auf 16,5 % im Jahr 2013 erhöht.[108] Da SUVs in der Regel eine schlechtere Aerodynamik besitzen und schwerer als vergleichbare Fließ- und Stufenheckmodelle sind, verbrauchen sie auch etwa 20 bis 25 % mehr Kraftstoff.[109] Die steigende Anzahl von SUVs zwingt die Hersteller jedoch gleichzeitig, mehr sehr sparsame Neuwagen auf den Markt zu bringen, um die Vorgaben einhalten zu können. Befürworter von Super Credits sehen darin das Positive, da es die Marktdurchdringung von Pkw mit alternativen Antrieben, die i. d. R. unter die Grenze von 50 g CO_2/km fallen, zusätzlich vorantreibt. Eine Analyse, die die Auswirkungen von Super Credits auf die herstellerspezifischen Grenzwerte untersucht, macht deutlich, dass sich die Grenzwerte nur

[106] Puls 2013, S. 20.

[107] Puls 2013, S. 21.

[108] Dudenhöffer 2014, Tab. 2.

[109] Dudenhöffer 2014, S. 602.

marginal durch Super Credits verändern.[110] Zwischen 2020 und 2022 können wieder Mehrfachanrechnungen für besonders sparsame Neuwagen genutzt werden. Pkw mit weniger als 50 g CO_2/km können im Jahr 2020 doppelt, im Jahr 2021 1,67-fach und im Jahr 2022 1,33-fach angerechnet werden. Da von einer steigenden Anzahl alternativ angetriebener Neuwagen in Zukunft auszugehen ist, wird der Effekt von Super Credits zunehmen. Allerdings ist für diesen Zeitraum gemäß Art. 1 Nr. 5 Verordnung (EU) 333/2014 eine Obergrenze von 7,5 g CO_2/km pro Hersteller für mehrfache Anrechnungen fixiert.

Die nun folgende Analyse beschäftigt sich mit der Effektivität des Instruments in Bezug auf den Beitrag zur absoluten Reduktion von THG-Emissionen. Die Tatsache, dass Neuwagen weniger CO_2 pro Kilometer ausstoßen und damit eine erhöhte Energieeffizienz aufweisen, lässt noch keine definitive Aussage über die Veränderung der THG-Emissionen des MIV zu. Ein Grund dafür ist die Existenz von „Rebound-Effekten“. Diese entstehen, wenn Effizienzsteigerungen Verhaltensänderungen der Konsumenten aufgrund von veränderten relativen Preisen hervorrufen und es dadurch zu einer (teilweisen) Kompensation des ursprünglichen Effizienzgewinns kommt. Der direkte Rebound-Effekt, auch Preiseffekt genannt, bezeichnet den erhöhten Konsum des durch die Effizienzsteigerung verbilligten Gutes. Ein Pkw mit niedrigerem Kraftstoffverbrauch ist preiswerter in der Nutzung. Kommt es dadurch zu höheren Fahrleistungen, spricht man von einem positiven Rebound-Effekt. Die Stärke des Effekts ist abhängig von den Einsparungen des Kraftstoffverbrauchs und der Mehrnutzung. Der indirekte Rebound-Effekt, auch als Einkommenseffekt bekannt, bezieht sich auf Steigerungen des verfügbaren Einkommens infolge der Verbilligung des Gutes. Wird das zusätzlich zur Verfügung stehende Einkommen zur Nutzung anderer energieintensiver Verkehrsmittel, wie beispielsweise Flugzeugen, verwendet, wirkt dies der Effizienzeinsparung bei Pkw entgegen. Darüber hinaus kann es zu gesamtwirtschaftlichen Rebound-Effekten kommen. Diese entstehen durch

---

[110] ICCT 2016, S. 10/11.

Wechselwirkungen auf Teilmärkten, die miteinander in Beziehung stehen. So kann beispielsweise ein geringerer Kraftstoffverbrauch im Pkw-Bereich zu insgesamt niedrigeren Kraftstoffpreisen führen. Dies führt jedoch in der Folge zu einem erhöhten Kraftstoffkonsum im Lkw-Bereich und hebt die ursprüngliche Kraftstoffeinsparung (teilweise) wieder auf.[111]

Um beurteilen zu können, ob Maßnahmen zur Effizienzsteigerung von Pkw effektiv für die Minderung von THG-Emissionen sind, erscheint eine Abschätzung der Höhe der Rebound-Effekte sinnvoll. Vorab soll aber darauf aufmerksam gemacht werden, dass die Quantifizierung von Rebound-Effekten aufgrund vielfältiger Wechselwirkungen und Einflussfaktoren sehr komplex ist.[112] Insbesondere die Abgrenzung von Rebound-Effekten und Wachstumseffekten stellt eine Herausforderung dar und kann empirisch nur schwer voneinander getrennt werden.[113]

Einen Anhaltspunkt gibt der direkte Rebound-Effekt auf Haushaltsebene in Deutschland, der laut einer Studie auf 57 % bis 62 % geschätzt wird.[114] Diese Ergebnisse liegen sehr nah bei Resultaten, die in einer früheren Analyse gewonnen wurden.[115] Eine weitere Untersuchung kommt zu ähnlichen Ergebnissen und gibt den direkten Rebound für den Verkehrssektor in Deutschland mit 56 % und für die gesamte Wirtschaft mit 49 % an.[116] Insgesamt scheinen Rebound-Effekte im Verkehrssektor eine große

---

[111] Achtnicht/Koeseler 2014, S. 516.

[112] Ergebnisse zu Rebound-Effekten variieren teilweise erheblich und sind abhängig von genauer Definition, Sektor bzw. Aggregationsebene, Land und Betrachtungszeitraum (vgl. Achtnicht/Koesler 2014 und Gillingham et al. 2014). Im Gegensatz dazu liegen neuere Ergebnisse zu Rebound-Effekten im Pkw-Bereich in Deutschland relativ nah beieinander. Aufgrund geringerer Diskrepanzen ist von robusteren Ergebnissen auszugehen und es werden nur diese entsprechenden Ergebnisse im Rahmen dieser Arbeit präsentiert.

[113] UBA 2015a, Kap. 3.1.

[114] Frondel et al. 2011, S. 464. Die präferierte Definition für die Messung des direkten Rebound-Effekts ist die negative Kraftstoffpreiselastizität der Verkehrsnachfrage in km (Frondel et al. 2011, 463).

[115] Vgl. Frondel et al. 2008.

[116] Koesler 2013, S. 18.

Rolle zu spielen und reduzieren die Wirkung von Effizienzsteigerung um ca. die Hälfte. Diese Ergebnisse lassen sich deskriptiv untermauern, indem die Entwicklung der Verkehrsleistung des MIV in Deutschland aufgezeigt wird.

Die Verkehrsleistung, deren Entwicklung in Abbildung 5 aufgezeigt wird, hat bis auf die Jahre 2000, 2003 und 2005 seit 1998 kontinuierlich zugenommen und ist von 2007 bis 2015 um über 7 % gestiegen. Zwar hängt die Veränderung der Verkehrsleistung nicht nur von relativen Preisänderungen für die Nutzung von Pkw ab, sondern auch von Wachstumseffekten und gesellschaftlichen Veränderungen in Bezug auf erhöhte Mobilitätsbedürfnisse, aber sie kann als guter Anhaltspunkt für die Wirkungen der Rebound-Effekte dienen.

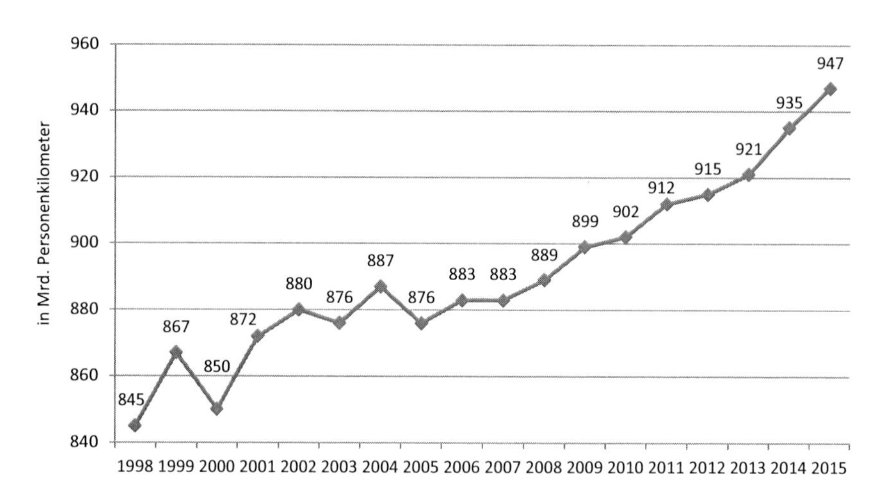

Abb. 5: Verkehrsleistung des MIV in Deutschland von 1998 bis 2015. Quelle: Eigene Darstellung in Anlehnung an BMVI 2016, S. 218/219.

Die Verordnungen Nr. 443/2009 und Nr. 333/2014 setzen nur Vorgaben für Neuwagen fest. Bei einem konstanten Pkw-Bestand von über 41 Mio. Fahrzeugen seit 2005 und Neuzulassungen von über 3 Mio. pro Jahr, dauert eine komplette Erneuerung des Bestandes über 13 Jahre.[117] Dementsprechend genügt nur ein Bruchteil der sich im Umlauf befindlichen Fahrzeuge den neuen Effizienzvorschriften. Vergleicht man die durchschnittlichen Kraftstoffverbräuche von Pkw-Bestand und Neuwagen und daraus resultierende CO_2-Emissionen, wird der Einfluss neuer, effizienter Pkw auf den Bestand deutlich. Der durchschnittliche Kraftstoffverbrauch des Pkw-Bestandes hat von 7,8 l/100 km im Jahr 2005 auf 7,3 l/100 km im Jahr 2014 abgenommen. Obwohl der durchschnittliche Kraftstoffverbrauch von Neuwagen in diesem Zeitraum von 6,9 l/100 km auf 5,4 l/100 km gefallen ist, hat sich dies kaum auf den Verbrauch des Pkw-Bestandes ausgewirkt. Wie bereits beschrieben, hat außerdem die Verkehrsleistung zugenommen, wodurch der gesamte Kraftstoffverbrauch der Pkw zwischen 2005 und 2014 annähernd gleichgeblieben ist. Es hat lediglich eine Reduktion von 45,3 Mrd. l in 2005 auf 45 Mrd. l im Jahr 2014 stattgefunden.[118]

Die CO_2-Grenzwerte werden nach dem NEFZ berechnet. Dadurch kommt es zu einer systematischen Unterschätzung der tatsächlichen Kraftstoffverbräuche im Fahrbetrieb. Es zeigt sich, dass die Laborbedingungen, unter denen die Verbräuche mit dem NEFZ ermittelt werden, nicht repräsentativ für Bedingungen im realen Fahrbetrieb sind.[119] Erstens können Toleranzen in Bezug auf Aerodynamik und Rollwiderstand ausgenutzt werden. Zweitens entsprechen die Fahrbedingungen wie Witterung und Außentemperatur nicht den durchschnittlichen realen Bedingungen auf der Straße. Drittens sind gewisse Technologien zur CO_2-Einsparung wirkungsvoller im Labor als auf der Straße. Viertens sind Nebenaggregate wie Klima- oder Soundanlage während des NEFZ

[117] KBA 2016a, S. 10 und KBA 2016b, S. 11.

[118] Löschel et al. 2015, S. 59.

[119] Tietge et al. 2015, S. 6.

abgeschaltet. Für das Jahr 2014 beträgt die durchschnittliche Abweichung zwischen Testwerten des NEFZ und den realen, im Alltag entstehenden, Kraftstoffverbräuchen 40 %.[120,121] Diese „Lücke" hat im Zeitverlauf deutlich zugenommen, da die durchschnittliche Abweichung im Jahr 2001 nur etwa 8 % betragen hat. Da reale Fahrbedingungen im Jahresvergleich weitestgehend gleich bleiben und die Anteile der unterschiedlichen Fahrstile im Zeitverlauf auch kaum Veränderungen aufweisen, ist die zunehmende Abweichung auf eine stärkere Ausnutzung der Spielräume bei einigen Messparametern des NEFZ zurückzuführen.[122] Mit der geplanten Einführung eines neuen Testverfahrens, dem Worldwide Harmonized Light Vehicles Test Procedure (WLTP), im Jahr 2017 sollen die Fehlentwicklungen bei der Messung von CO_2-Emissionen adressiert werden. Wenngleich die Einführung des WLTP die Lücke zu einem gewissen Grad schließen kann, können weiterhin gewisse Schlupflöcher ausgenutzt werden, die ähnlich wie beim NEFZ dazu führen, dass dieses Messverfahren ungenaue Ergebnisse liefert. Schätzungen ergeben, dass die Lücke zum realen Verbrauch mit WLTP „nur" noch 23 % im Jahr 2020 ausmacht gegenüber 49 % bei Weiterverwendung des NEFZ.[123] Dies ist zweifellos eine Verbesserung, aber immer noch sehr weit von den tatsächlichen Werten entfernt. Die systematische Fehleinschätzung des CO_2-Ausstoßes stellt nicht nur ein Problem für die Regulierung und die entsprechenden Klimaschutzbemühungen dar, sie verstärkt auch die Rebound-Effekte, da Konsumenten die tatsächlichen Kosten der Pkw-Nutzung nicht richtig einschätzen (können) bzw. unterschätzen.[124] Durch die bestehenden ausnutzbaren Spielräume bei der Messung über NEFZ und WLTP werden außerdem Anreize für die Her-

---

[120] Die Abweichungen sind für Pkw im Premium-Segment größer als im Durchschnitt. Außerdem ist die Diskrepanz zwischen Real- und Testwerten bei Dienstwagen (45 %) größer als bei privaten Pkw (36 %) (ICCT 2015, S. 2.).

[121] ICCT 2015, S. 1/2.

[122] Tietge et al. 2015, S. 6.

[123] ICCT 2015, S. 3.

[124] EC 2015, S. 144.

steller reduziert, die Kraftstoffverbräuche so genau wie möglich anzugeben, da ihnen dann ein Wettbewerbsnachteil gegenüber weniger ambitionierten Konkurrenten entsteht.[125]

Zusammenfassend lässt sich attestieren, dass einerseits die tatsächlichen Kraftstoffeinsparungen von Neuwagen durch die Verwendung des NEFZ weniger stark ausfallen als angenommen. Insbesondere in den letzten Jahren ist die Lücke zwischen Messwerten des NEFZ und den realen Kraftstoffverbräuchen größer geworden. Andererseits wirken sich die Effizienzsteigerungen von Neuwagen nur schwach auf die den gesamten Kraftstoffverbrauch des Pkw-Bestandes aus. Rebound-Effekte, vor allem die kontinuierliche Zunahme der Verkehrsleistung, neutralisieren realisierte Effizienzgewinne bei den Kraftstoffverbräuchen. Die CO_2-Grenzwerte liefern dementsprechend einen, wenn überhaupt, geringen Beitrag zur absoluten Reduktion der THG-Emissionen im Bereich des MIV.

Neben der Effektivität ist die Effizienz[126] des Instruments für eine gesamtheitliche Bewertung wichtig. Gebote werden in der volkswirtschaftlichen Theorie als nicht effizient eingeschätzt. Aus Sicht der statischen Effizienz fällt die Beurteilung negativ aus, weil Gebote von allen Verursachern, die in der Regel unterschiedliche Grenzvermeidungskosten haben, die Einhaltung der gleichen Vorgaben verlangt. Somit können die Vorgaben nicht zu den volkswirtschaftlich geringsten Kosten umgesetzt werden. An der dynamischen Effizienz gibt es ebenfalls Zweifel, da keine Anreize bestehen, über das vorgeschriebene Niveau des Gebots hinauszugehen.[127]

---

[125] Tietge et al. 2015, S. 2.

[126] Für die folgende Analyse wird unter Effizienz die Definition in Kap. 4.1 angewendet. Diese ist abzugrenzen von dem Begriff der Effizienz in Bezug auf niedrigere Kraftstoffverbräuche von Pkw, wie er in der vorangegangenen Untersuchung verwendet wurde.

[127] Fritsch 20011, S. 107.

Im konkreten Fall der CO_2-Grenzwerte sind jedoch einige besondere Aspekte bei der Bewertung ihrer Effizienz zu berücksichtigen. Grundsätzlich positiv in Bezug auf die statische Effizienz sind die technologieneutrale Ausgestaltung der CO_2-Grenzwerte, die Möglichkeit des Pooling und die herstellerspezifische Gewichtskomponente. Erstens ist in den relevanten Verordnungen nicht spezifiziert, auf welche Weise die Grenzwerte erreicht werden müssen. Dadurch kann der Hersteller intern eine für ihn günstige Strategie zur Einhaltung verfolgen, einerseits was die Modellstruktur angeht und anderseits hinsichtlich der verwendeten Technologien. Zweitens wird den Herstellern zusätzliche Flexibilität durch die Möglichkeit des Zusammenschlusses mit anderen Herstellern zu einer Emissions-Gemeinschaft gegeben. Der Zusammenschluss zu einer Emissions-Gemeinschaft erweitert die Fahrzeugflotte und damit mögliche Optionen. Es kann zu einer weiteren Optimierung der Strategie zur Erfüllung der Grenzwerte kommen. Drittens wird das herstellerspezifische durchschnittliche Fahrzeuggewicht und damit in einem gewissen Maße die herstellerspezifischen Kosten bei der Einhaltung der Grenzwerte berücksichtigt. Dies mildert den Anpassungsdruck der Hersteller an die Einhaltung der Grenzwerte ab. Es kommt jedoch zu Effizienzverlusten durch die Verzerrung von Vermeidungsoptionen. Gewichtsreduktionen zur Emissionsminderung werden durch die gewichtsabhängige Grenzwertekurve „künstlich" verteuert und führen dadurch zu höheren Kosten auf Seiten der Hersteller.[128] In Relation zu anderen Vermeidungsoptionen werden Gewichtsreduktionen weniger effizient aufgrund der Aufweichung der Grenzwerte durch die Gewichtskomponente.

Eine Quantifizierung der gesamtwirtschaftlichen Kosten, die durch die CO_2-Grenzwerte verursacht wurden, ist auf europäischer Ebene für den Zeitraum von 2006 bis 2013 vorgenommen worden. Allerdings hängt die Bewertung der Kosten signifikant von den getroffenen Annahmen und Messgrößen ab, vor allem von der Entwicklung der Kraftstoffkosten, der

---

[128] Elmer 2010, S. 168 – 170.

angenommenen Fahrleistungen, den Kosten für technische Veränderungen und der Messung der CO_2-Emissionen. Die Studie kommt zu dem Ergebnis, dass die auf die Gegenwart abdiskontierten Kosten der CO_2-Grenzwerte für die europäische Gemeinschaft zwischen 2006 und 2013 6,4 Mrd. € (in Preisen von 2014) betragen haben, was einem Wohlfahrtsgewinn entspricht.[129] Dieses Ergebnis legt nahe, dass die Kraftstoffeinsparungen größer waren als die durch die Regulierung induzierten Kosten. Eine Relativierung der Ergebnisse erscheint insofern angebracht, als dass die Jahre 2006, 2007 und 2008 berücksichtigt wurden, obwohl die Verordnung (EG) Nr. 443/2009 erst 2009 eingeführt wurde. Da in den Jahren von 2006 bis 2008 auch schon Effizienzsteigerungen bei Kraftstoffverbräuchen erzielt wurden, ist davon auszugehen, dass die Gewinne überschätzt wurden. Außerdem wurden bei der Berechnung der Kosten keine Rebound-Effekte miteinbezogen. Für Deutschland ist darüber hinaus anzumerken, dass die Senkung der durchschnittlichen CO_2-Werte weniger stark ausgefallen ist als auf EU-Ebene und somit niedrigere Gewinne zu erwarten sind.

Die Kosten für die Hersteller wurden für den Zeitraum von 2007 bis 2012/13 auf 17,3 Mrd. € geschätzt und sind damit deutlich geringer ausgefallen als ex-ante Schätzungen prognostiziert haben.[130] Somit scheinen die Hersteller kostengünstigere Wege gefunden zu haben, CO_2-Emissionen ihrer Neuwagen zu reduzieren, als ursprünglich angenommen. Die durch die Regulierung induzierten Kosten der Hersteller werden zumindest teilweise an die Verbraucher weitergegeben und verteuern den Pkw-Erwerb. Zwar sind die durchschnittlichen Neuwagenpreise seit 2012 gestiegen, es ist aber nicht möglich zu bestimmen, inwieweit dies auf zusätzliche Kosten zur Einhaltung der CO_2-Grenzwerte zurückzuführen ist.[131] Es ist zu berücksichtigen, dass Kosten aufgrund des starken

[129] EC 2015, S. 131.

[130] EC 2015, S. 134.

[131] Statista 2016b.

Wettbewerbsumfelds nur eingeschränkt an die Kunden weitergegeben werden können.

Die bisherige Untersuchung der Effizienz legt nahe, dass zumindest bis zum aktuellen Zeitpunkt, in dem der Grenzwert von 130 g CO_2/km gilt, keine größeren volkswirtschaftlichen Kosten der Maßnahme zu verzeichnen sind. Definitiv lässt sich allerdings keine Aussage treffen, da die Ergebnisse der Studie in gewissen Aspekten relativiert werden müssen und die Betrachtung nur bis zum Jahr 2013 stattgefunden hat.

Für die Zukunft, insbesondere im Hinblick auf den Grenzwert von 95 g CO_2/km, ist jedoch eine andere Entwicklung zu erwarten. Einerseits werden, der ökonomischen Logik folgend, zuerst die kostengünstigsten Vermeidungsoptionen realisiert und mit zunehmender Vermeidung steigen die Grenzkosten an. Andererseits nimmt die Geschwindigkeit der geforderten Effizienzsteigerungen bei Neuwagen zu. Während in Deutschland zwischen 2009 und 2015 CO_2-Einsparungen von 15,5 % realisiert werden mussten, wird eine weitere Reduktion von 27 % bis 2021 gefordert.[132] Hinzu kommt die Umstellung von NEFZ auf WLTP, welche zusätzlichen Druck auf die Hersteller ausüben wird, da die CO_2-Emissionen der Neuwagen dann genauer erfasst werden.

Es ist also mit einem stärkeren Kostenanstieg in der Zukunft zu rechnen. Diese Annahme wird durch eine umfassende Untersuchung der technischen Potenziale zur Einhaltung der CO_2-Grenzwerte bis 2020 und ihrer wirtschaftlichen Machbarkeit gestützt.[133] Daraus geht hervor, dass die Einhaltung des Grenzwertes von 95 g CO_2/km im Jahr 2020 zwar technologisch möglich wäre und dieser sogar unterschritten werden könnte, wenn es zu einer stärkeren Hybridisierung und Elektrifizierung der Antriebe käme. Die notwendigen technologischen Anpassungen wären aber mit zusätzlichen Herstellungs- und Anschaffungskosten verbunden.

---

[132] Für 2009, 2015 und 2021 (im Jahr 2020 ist noch der Phase-In aktiv) werden jeweils 154 g CO_2/km (siehe Abbildung 4), 130 g CO_2/km und 95 g CO_2/km angesetzt.

[133] Vgl. Ernst et al. 2012.

Höhere Anschaffungskosten von ca. 1.900 € für Pkw würden bei der angenommenen Marktentwicklung im „realistischen Szenario" zu einer Zielverfehlung des Grenzwerts führen.[134] Dementsprechend würde sich der Grenzwert von 95 g CO_2/km unter Einbeziehung technologischer und wirtschaftlicher Aspekte nur mit noch stärkeren Anstrengungen als bisher erreichen lassen.[135] Im Hinblick auf die dynamische Effizienz ist diese Tatsache positiv zu bewerten, da die Innovationsanreize so erhöht werden. Insbesondere für Premiumhersteller, die überdurchschnittliche CO_2-Werte aufweisen, erscheint eine Einhaltung zukünftiger Grenzwerte nur unter verstärktem Einsatz elektrischer Antriebe möglich.[136] Der grundsätzliche Nachteil von Geboten in Bezug auf die dynamische Effizienz, der darin besteht, dass keine Anreize gesetzt werden, eine Reduzierung der CO_2-Emissionen über den festgelegten Grenzwert anzustreben, bleibt allerdings bestehen.

4.2.2 Biokraftstoffquote/THG-Quote für Biokraftstoffe

Die Förderung von Biokraftstoffen im Verkehrssektor ist in den letzten Jahren stetigen und grundlegenden Änderungen unterworfen worden. Während Anfang des letzten Jahrzehnts Biokraftstoffe als erneuerbare Energiequelle sehr positiv bewertet wurden, sind mit zunehmender Nutzung und dem Aufbau von Produktionskapazitäten vermehrt Zweifel an dem ökologischen Mehrwert von Biokraftstoffen aufgetreten.[137] Dementsprechend wurde die Gesetzgebung immer wieder angepasst. Die folgende Analyse fokussiert sich hauptsächlich auf die von 2009 bis 2014 geltende Biokraftstoffquote und die seit 2015 vorgeschriebene THG-Quote von Biokraftstoffen.

---

[134] Ernst et al. 91/92.

[135] Ernst et al. 2012, S. 104/105.

[136] Puls 2013, S. 25/26.

[137] Adolf et al. 2013, S. 124.

In Bezug auf die Effektivität erscheint es sinnvoll, in einem ersten Schritt die Erfüllung der Quoten von 2009 bis 2014 zu untersuchen. In einem zweiten Schritt kann das Erreichen des in Zusammenhang mit der Biokraftstoffquote stehenden EE-Ziels im Verkehrssektor analysiert werden. Abschließend wird auf das absolute Minderungspotenzial von THG-Emissionen durch die Verwendung von Biokraftstoffen eingegangen.

Wie bereits in Kapitel 3.2 beschrieben, wurden verbindliche Quoten für die Beimischung von Biokraftstoffen für Diesel und Benzin und eine energetische Gesamtquote festgelegt. Die Unternehmen sind verpflichtet, die in den Verkehr gebrachten Mengen an fossilen und biogenen Kraftstoffen zu melden. Überprüfung und Sanktionierung werden über § 37c Mitteilungs- und Abgabepflichten im Gesetz zum Schutz vor schädlichen Umweltwirkungen durch Luftverunreinigungen, Geräusche, Erschütterungen und ähnliche Vorgänge (Bundes-Immissionsschutzgesetz – BImSchG) geregelt. Werden die Quoten verfehlt, setzt ein strikter, verschuldensunabhängiger Sanktionsmechanismus ein, bei dem die Strafen bei Nichteinhaltung die Kosten zur Erfüllung übersteigen.[138] Nach § 37 c Abs. 1 BImSchG mussten die Quotenpflichtigen bis 2014 bei Nichteinhaltung der Benzinkraftstoffquote 19 € pro Gigajoule und 43 € pro Gigajoule bei Verfehlung der Dieselkraftstoffquote zahlen. Ab dem Jahr 2015 wird die Fehlmenge der zu mindernden THG-Emissionen berechnet und beträgt 0,47 € pro Kilogramm CO_2-Äq. Die Überprüfung der Nachhaltigkeitskriterien wird über die Biokraft-NachV und die entsprechenden Zertifizierungssysteme sichergestellt.

Die Ausgestaltung des Instruments erscheint effektiv, da es in jedem Jahr zu einer Übererfüllung der Einzel-Quoten und der Gesamtquote gekommen ist.[139] Dabei konnte von der Übertragung von überschüssigen (über die Quote hinausgehende) Mengen ins nächste Kalenderjahr profitiert werden. In jedem Jahr wurde von dieser Regelung Gebrauch ge-

[138] Rodi et al. 2015, S. 65.

[139] Vgl. Bundesministerium der Finanzen 2016.

macht.[140] Auf die Einhaltung der Quoten scheinen aber auch steuerliche Regelungen Einfluss genommen zu haben. Insbesondere Steuervergünstigungen von Bioreinkraftstoffen haben bis zum Jahr 2012 deren Verwendung gefördert bzw. nach 2012 hat die Nutzung abgenommen und entsprechende Tankstelleninfrastrukturen sind reduziert worden.[141]

Mit der Biokraftstoff- und THG-Quote soll ein Beitrag zur Steigerung des Anteils der EE am Endenergieverbrauch im Verkehrssektor geleistet werden, die von Richtlinie 2009/28/EG gefordert wird. Darüber hinaus wird über die Richtlinie 2009/30/EG die Reduktion von THG-Emissionen vorgeschrieben, welche einerseits über die Umstellung auf die Treibhausgasquote adressiert und andererseits durch Vorgaben der Biokraft-NachV hinsichtlich der THG-Minderung von Biokraftstoffen im Vergleich zu fossilen Kraftstoffen unterstützt wird.

Biokraftstoffe haben mit knapp 90 % den größten Anteil am Endenergieverbrauch der EE im Verkehrssektor im Jahr 2015 wie Abbildung 6 deutlich macht. Somit wurde 2015 der Anteil von 5,2 % EE am Endenergieverbrauch im Verkehr hauptsächlich über die Verwendung von Biokraftstoffen erreicht.[142] Allerdings scheint es Unregelmäßigkeiten in Bezug auf die Berechnung dieses Wertes zu geben, wodurch andere Schätzungen für das Jahr 2014 anstatt von 5,6 % von 6,4 % bzw. 7 % ausgehen.[143] Unabhängig von den exakten Werten ist die Biokraftstoffquote/THG-Quote für Biokraftstoffe der wichtigste Treiber zur Erreichung des von Richtlinie 2009/28/EG vorgegebenen EE-Ziels.

Abbildung 7 gibt Aufschluss über die geschätzte Entwicklung ab 2015. Aufgrund der Umstellung von einer Mengen- auf eine Treibhausgasminderungsquote und den Anforderungen der Biokraft-NachV ergibt sich ein

---

[140] Vgl. Bundesministerium der Finanzen 2016.

[141] Löschel et al. 2012, S. 57.

[142] BMWi 2016c, Tab. 2.

[143] Löschel et al. 2015, S. 34.

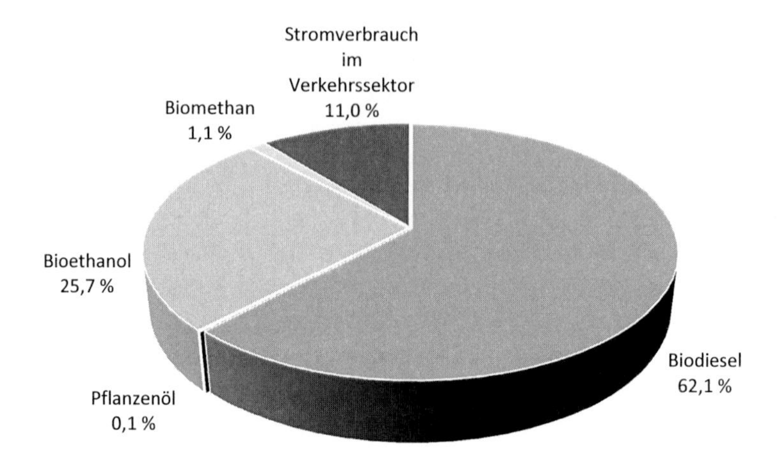

Abb. 6: Anteile von biogenen Kraftstoffen und Strom am EE-Endenergieverbrauch im Verkehrssektor im Jahr 2015. Quelle: Basierend auf BMWi 2016c, Tab. 6.

schwankender Biokraftstoffanteil. Nach neuesten Daten hat der Biokraftstoffverbrauch im Jahr 2015 entgegen Abbildung 7 um 8,6 % im Vergleich zum Vorjahr abgenommen.[144] Es ist aber davon auszugehen, dass der Biokraftstoffanteil im Zeitverlauf bis 2020 auf über 10 % ansteigt. Kommt es ausschließlich zum Einsatz von Biokraftstoffen aus Rest- und Abfallstoffen, die mit einer theoretischen 80-prozentigen THG-Minderung (durchgezogene Linie mit Dreiecken in Abb. 7) angesetzt werden, reduziert sich die benötigte Biokraftstoffmenge und der Biokraftstoffanteil bleibt bei unter 10 %. Somit ist die Erreichung des Ziels von 10 % EE am Endenergieverbrauch im Verkehrssektor nicht mit Sicherheit vorherzusehen.

Die Bewertung von Biokraftstoffen hinsichtlich des Einsparpotenzials von THG-Emissionen ist umstritten. Grundsätzlich bestehen Nutzungskonkurrenzen zwischen dem Anbau von Biokraftstoffen, der Futter- und

---

[144] BLE 2016, S. 29.

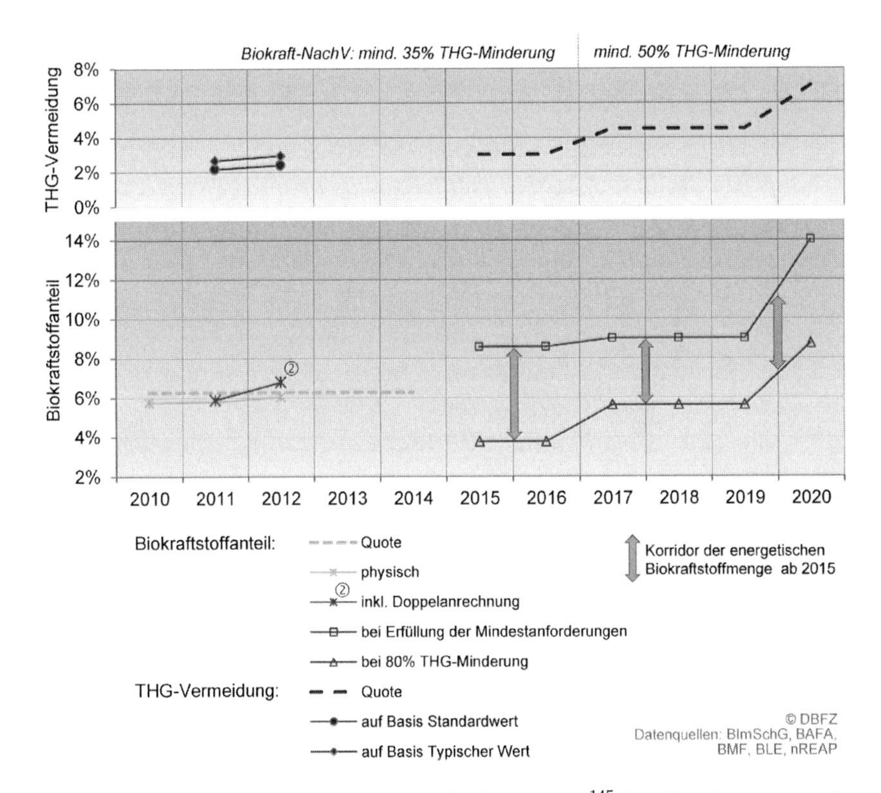

Abb. 7: Biokraftstoffquote und -bedarf bis 2020.[145] Quelle: Braune et al. 2016, S. 12 basierend auf Naumann et al. 2014, S. 3.

Nahrungsmittelproduktion, dem Flächenbedarf zum Schutz der Biodiversität und der stofflichen Nutzung von Biomasse zur Energieerzeugung.[146] Insbesondere Effekte, die mit dem Ausbau von landwirtschaftlichen Flächen zum Anbau von Biokraftstoffen zusammenhängen, spielen

[145] Bei folgender Abbildung sind die Treibhausminderungsquoten ab 2015 veraltet, da sie noch auf den Werten vom BioKraftFÄndG i. d. F. von 2009 basieren. Allerdings weichen diese nicht stark von den aktuellen Werten ab und deshalb wird die Abbildung zu Veranschaulichungszwecken genutzt.

[146] Adolf et al. 2013, S. 126.

eine wichtige Rolle für die klimaschutzpolitische Beurteilung. Man spricht von direkten und indirekten Landnutzungsänderungen. Direkte Landnutzungsänderungen, Direct Land Use Change (DLUC), ergeben sich, wenn neue Flächen für den Biokraftstoffanbau geschaffen werden. Indirekte Landnutzungsänderungen, Indirect Land Use Change (ILUC), führen zu einer Verdrängung/Verlagerung von Flächen, die zur Futter- oder Nahrungsmittelproduktion genutzt wurden, zugunsten des Anbaus von Biokraftstoffen.[147] Die Problematik dieser Effekte liegt darin, dass durch eine Abnahme bzw. Umwandlung von Flächen, die CO_2 absorbieren können, THG-Emissionen freigesetzt werden und sich damit die THG-Bilanz von Biokraftstoffen verschlechtert.[148] Zwar können DLUC durch die Nachhaltigkeitskriterien in Art. 17 Abs. 4 Richtlinie 2009/28/EG und § 5 Biokraft-NachV weitestgehend ausgeschlossen werden, aber ILUC-Effekte bleiben weiterhin bestehen.[149] Dies ist insbesondere dann der Fall, wenn die Flächenbedarfe ins außereuropäische Ausland verlegt werden, in denen keine oder unzureichende Nachhaltigkeitskriterien vorhanden sind. Zu ILUC-Effekten kommt es hauptsächlich bei Biokraftstoffen der sogenannten ersten Generation, die aus stärke- oder ölhaltigen Pflanzen erzeugt werden. Die technischen Erzeugungspfade sind abhängig von der jeweils verwendeten Pflanze und variieren stark voneinander. Zwei zentrale Studien zur Berechnung bzw. Schätzung (Landnutzungsänderungen sind nicht direkt messbar) von ILUC-Effekten für Europa bestätigen, dass sich bei deren Einbeziehung die THG-Bilanzen von fast allen Biokraftstoffen deutlich verschlechtern.[150] Insbesondere Biokraftstoffe, die aus Palmöl und Sojabohnen hergestellt werden, haben durch starke ILUC-Effekte eine schlechte THG-Bilanz.

---

[147] Siehe zur ILUC-Problematik im Überblick Gawel/Ludwig 2011.

[148] Ecofys et al. 2015, S. IV.

[149] Rodi et al. 2015, S. 67.

[150] Vgl. Ecofys et al. 2015 und Laborde et al. 2014.

Abbildung 8 gibt eine Übersicht der Emissionen, die durch Landnutzungsänderungen hervorgerufen werden. Dabei wurden die bestehenden EU-Nachhaltigkeitskriterien bei der Berechnung berücksichtigt.

Laut Richtlinie 2009/28/EG wird der Vergleichswert von fossilen Kraftstoffen bei 83,8 g CO_2-Äq. pro Megajoule (MJ) angesetzt. Dieser Wert, im Vergleich zu den Werten der Abbildung 8, macht die Größenordnung der ILUC-Effekte deutlich sichtbar. Bei der Bewertung ist jedoch die Unterscheidung zwischen Biokraftstoffen der ersten und zweiten Generation, letztere in der Abbildung mit „Advanced" gekennzeichnet, wichtig. Biokraftstoffe der zweiten Generation werden aus Rest- und Abfallstoffen hergestellt und rufen deshalb weniger negative Landnutzungsänderungen hervor bzw. führen teilweise sogar zu positiven ILUC-Effekten. Die Politik hat mit der Richtlinie (EU) 2015/1513 erstmals die ILUC-Problematik anerkannt und Schritte zur Bekämpfung eingeleitet. Die Umsetzung auf nationalstaatlicher Ebene findet allerdings erst 2017 statt. Zur umfassenden Sicherstellung einer nachhaltigen Produktion von Biokraftstoffen müssten allerdings globale Standards umgesetzt und sämtliche Agrarprodukte erfasst werden.[151]

Im konkreten Fall für Deutschland machen Bioethanol, Biodiesel (Fettsäuremethylester (FAME)) und Hydriertes Pflanzenöl (HVO) 99 % der Biokraftstoffnutzung im Jahr 2015 aus. Bioethanol ist mit 27 % der zweitwichtigste Biokraftstoff und wird in Deutschland hauptsächlich Ottokraftstoff bis zu einem Volumenanteil von 10 % beigemischt. Die wichtigsten Ausgangsstoffe zur Herstellung sind Mais, Roggen, Weizen und Zuckerrüben. FAME wird mit bis zu 7 Volumenprozent Dieselkraftstoff beigemischt und hat mit 65 % den größten Anteil an der Biokraftstoffverwendung. Hauptsächlich wird FAME aus Rapsöl hergestellt. Abfall- und Reststoffe, Palmöl und Soja werden jedoch auch für die Produktion verwendet. HVO kann ebenfalls Dieselkraftstoff beigemischt werden, auch in höheren Anteilen als FAME. Als Reinkraftstoff im Gegensatz zu

[151] Adolf et al. 2013, S. 127/128.

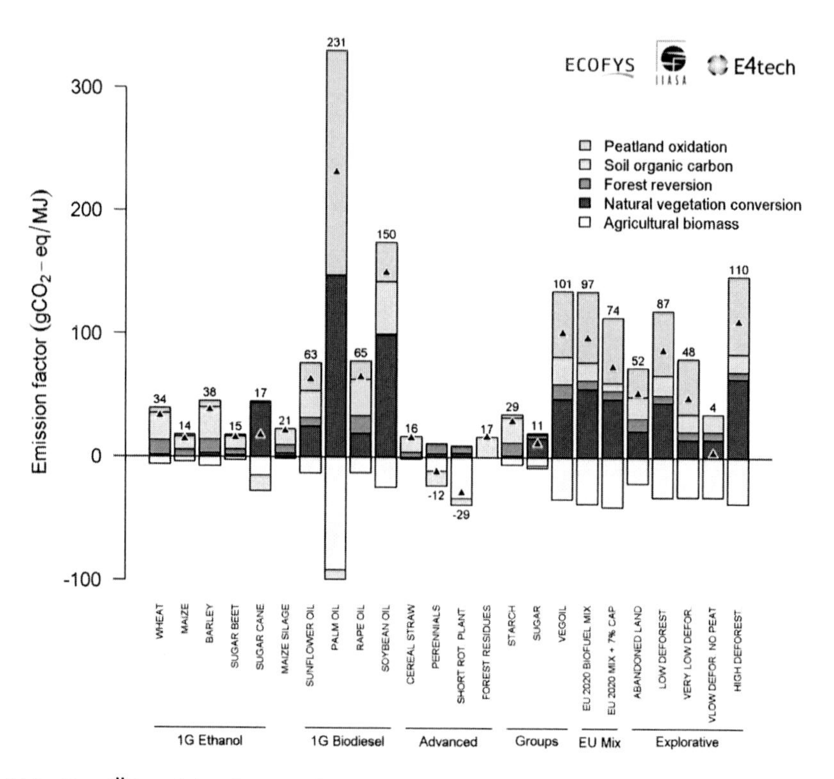

Abb. 8: Übersicht der geschätzten ILUC-Emissionen von Biokraftstoffen. Quelle: Ecofys et al. 2015, S. X.

Bioethanol und FAME ist HVO in Deutschland nicht zulässig. Die HVO-Produktion findet nicht in Deutschland statt und als Ausgangsstoff wird fast ausschließlich Palmöl verwendet. Ein weiterer Biokraftstoff, der keiner Generation zuzuordnen ist, ist Biomethan. Dieser kann in Fahrzeugen mit erdgastauglichen Motoren eingesetzt werden und für die Produktion werden fast ausschließlich Reststoffe und Abfälle verwendet, wodurch Biomethan eine sehr gute THG-Bilanz aufweist.[152]

[152] BLE 2016, Kap. 6.

Insgesamt werden Biokraftstoffe in Deutschland ungefähr zu 20 % aus Abfall- und Reststoffen und zu 80 % aus stärke- oder ölhaltigen Pflanzen produziert.[153] Dabei kommt dem Einsatz von Raps mit 42 % die größte Bedeutung zu. Das aus klimaschutzpolitischen Gesichtspunkten besonders kritische Palmöl macht immer noch über 10 % an den Ausgangsstoffen zur Produktion von Biokraftstoffen aus. Hier ist jedoch ein positiver Trend zu beobachten, da der Einsatz um ein Drittel im Vergleich zum Vorjahr zurückgegangen ist.[154] Nach Angaben des Bundesministeriums für Landwirtschaft und Ernährung ist es im Jahr 2015 erstmals möglich, die Herkunft der Ausgangsstoffe in Zusammenhang mit den Endprodukten zu bestimmen. Die Auswertung ergibt, dass über 80 % der eingesetzten Ausgangsstoffe aus Europa stammen und damit den Nachhaltigkeitskriterien der EU unterworfen sind.[155] Die THG-Einsparung durch die Verwendung von Biokraftstoffen anstatt fossiler Kraftstoffe wird auf jeweils 5,1, 5,3 und 6,7 Mio. t CO_2-Äq. in den Jahren 2013, 2014 und 2015 geschätzt.[156] Das THG-Minderungspotenzial von reinen Biokraftstoffen im Vergleich zu fossilen Kraftstoffen liegt in den Jahren 2013 und 2014 bei ungefähr 50 % und bei ca. 70 % im Jahr 2015.[157] Allerdings müssen diese Ergebnisse zumindest teilweise durch die fehlende Berücksichtigung von ILUC-Effekten relativiert werden. Die Verwendung von Biokraftstoffen der zweiten Generation ist aus Klimaschutzsicht zu favorisieren. Allerdings sind die Potenziale eingeschränkt, da die meisten Biokraftstoffe der zweiten Generation noch nicht in kommerziellen Mengen produziert werden können, ihre Herstellung noch sehr teuer ist und die absolute Menge an zur Verfügung stehender Energie niedriger im Vergleich zu Biokraftstoffen der ersten Generation ist.[158] Grundsätzlich ist

[153] BLE 2016, S. 9.

[154] BLE 2016, S. 9.

[155] BLE 2016, S. 31.

[156] BLE 2016, S. 48.

[157] BLE 2016, S. 49.

[158] Adolf et al. 2013, S. 128.

die Umstellung von einer verpflichtenden Biokraftstoffquote zu einer Treibhausgasquote positiv zu bewerten. Einerseits lassen die Ergebnisse auf eine höhere THG-Reduktion ab 2015 im Vergleich zu vorherigen Jahren schließen. Andererseits war es mit der Biokraftstoffquote nicht möglich, von einem gewissen Biokraftstoffanteil auf eine THG-Minderung zu schließen, da die THG-Bilanz abhängig von den Vorkettenemissionen der verwendeten Ausgangsstoffe ist.

Inwiefern zusätzliche Anbauflächenbedarfe für die Erreichung des 10%-EE-Ziels in der EU benötigt werden und damit ggf. Flächenkonkurrenzen und ILUC-Effekte verschärfen, hängt von zahlreichen Faktoren ab. Zahlreiche Studien kommen zu dem Ergebnis, dass sich zusätzlicher weltweiter Bedarf an Anbauflächen ergibt.[159] Jedoch scheinen die Netto-Flächenpotenziale[160] in der EU für das Erreichen des EE-Ziels auszureichen.[161] Inwieweit diese erschlossen werden, hängt wiederum von der weltweiten Preisentwicklung der Agrarrohstoffe ab.[162] Auf der Angebotsseite könnten durch Ertragssteigerungen und Umwandlung von Brachflächen weitere Flächenpotenziale gewonnen werden. Nachfrageseitige Faktoren sind die demographische Entwicklung und vor allem

---

[159] Meyer/Priefer 2015, Tab. 3.

[160] Die Netto-Flächenpotenziale ergeben sich aus den Brutto-Flächenpotenzialen bereinigt um Kuppelprodukte, die bei der Biokraftstoffproduktion anfallen (AEE 2013, S. 3).

[161] AEE 2013, S. 3/4.

[162] Welchen Einfluss die Förderung der Biokraftstoffproduktion auf die Agrarpreise hat, wird kontrovers seit 2007 unter dem Stichwort „Tank versus Teller" bzw. „Tank versus Trog" (der Großteil der globalen Agrarprodukte wird für die Futtermittel- und nicht für die Nahrungsmittelproduktion eingesetzt (Raschka/Carus 2012, Abb. 8)) diskutiert. Die pauschale Kritik, dass die Förderung von Biokraftstoffen zu einer Verknappung des Nahrungsmittelangebots und damit zu Preissteigerungen führt, scheint bei genauer Analyse zu kurz zu greifen. Andere kurzfristige Einflussfaktoren sind witterungsbedingte Ernteausfälle, Abbau von Lagerbeständen, steigende Rohölpreise, Währungsschwankungen und Handelsbeschränkungen. Darüber hinaus spielen längerfristige, strukturelle Veränderungen wie Bevölkerungswachstum, wirtschaftliche Entwicklung und verstärkte Nachfrage nach flächenintensiven Lebensmitteln wie Fleisch eine wichtige Rolle, Preissteigerungen zu erklären (Meyer/Priefer 2015, S. 110/111 und AEE 2013, S. 6/7). Aufgrund der Komplexität dieses Themas und der Uneinigkeit der Wissenschaft über die Ursachen wird das Thema im Rahmen dieser Arbeit nicht weiter untersucht.

der Konsum tierischer Lebensmittel. Da für die Produktion dieser Lebensmittel das Mehrfache an Fläche im Vergleich zu Energiepflanzen benötigt wird, könnten durch die Reduzierung des Konsums tierischer Lebensmittel beträchtliche Flächen für den Anbau von Energiepflanzen erschlossen werden.[163]

Im Folgenden wird die Effizienz der Biokraftstoff- bzw. THG-Quote für Biokraftstoffe untersucht. Grundsätzlich ist die Biokraftstoffquote ein technologiespezifisches Instrument, was aus Effizienz-Gesichtspunkten negativ zu bewerten ist.[164] Die THG-Quote stellt diesbezüglich eine Verbesserung dar, da auch erneuerbarer Strom für die Verwendung im Straßenverkehr auf die Quote angerechnet werden kann. Den Kraftstoffherstellern ist es selbst überlassen, mit welchen Ausgangsstoffen für die Biokraftstoffe bzw. mit welcher erneuerbaren Energiequelle sie die Treibhausgasquote erfüllen. Außerdem müssen die Einzel-Quoten für Benzin und Diesel nicht mehr erfüllt werden, was die Flexibilität zusätzlich erhöht. Die zukünftige Begrenzung des Anteils von Biokraftstoffen der ersten Generation auf das 10%-EE-Ziel (siehe Kap. 2.2.2) führt jedoch zu dem technologiespezifischen Zwang die restlichen 3 % über erneuerbaren Strom und Biokraftstoffe der zweiten Generation zu genieren. Dies ist zwar aus ökologischer Sicht zu begrüßen, kann jedoch aufgrund der derzeit noch mangelnden Konkurrenzfähigkeit von Biokraftstoffen der zweiten Generation gegenüber fossilen Kraftstoffen in erhöhten Kosten resultieren.[165]

Für die Quantifizierung der volkswirtschaftlichen Kosten spielen hauptsächlich die Produktionskosten bzw. die Preise für Biokraftstoffe, Subventionen, Steuern, Beschäftigungseffekte und Landnutzungsänderungen eine Rolle. Im Rahmen zweier aufeinander aufbauender Unter-

[163] Meyer/Priefer 2015, S. 114/115.

[164] Creutzig et al. 2011, S. 2403.

[165] Adolf et al 2013, S. 128.

suchungen wurden die Kosten für die EU im Jahr 2011 ermittelt.[166] Da einige Einflussfaktoren aber nicht quantifizierbar waren, die Regulierung und Entwicklung der Biokraftstoffe sich seit 2011 verändert hat und die Auswirkungen der Biokraftstoffförderung in den einzelnen Mitgliedsstaaten sehr unterschiedlich sind, wird von einer genauen Quantifizierung Abstand genommen und es werden lediglich die Zusammenhänge in Anlehnung an die vorliegenden Studien erläutert. Auf der Kostenseite sind zwei Einflussfaktoren von besonderer Bedeutung. Erstens liegen die Produktionskosten von Biokraftstoffen deutlich über denen fossiler Kraftstoffe, was sich in höheren Kraftstoffpreisen für die Konsumenten niederschlägt. Zweitens werden Subventionen in Form von Steuervergünstigungen gewährt. Preissteigerungen, die durch die politisch induzierte Nachfrage nach Biokraftstoffen entstehen, stellen indirekte Begünstigungen dar. Da in Deutschland die Steuervergünstigungen für Biokraftstoffe weitestgehend bis zum Jahr 2012 abgeschmolzen wurden, können diese vernachlässigt werden.[167] Diesen Kosten stehen Gewinne für die Biokraftstoffproduzenten, höhere Steuereinnahmen und positive Beschäftigungsimpulse gegenüber. Diese Gewinne sind im europäischen Vergleich für Deutschland vermutlich ausgeprägter, da Deutschland innerhalb der EU der größte Produzent von Biokraftstoffen ist.[168] Außerdem können durch die heimische Produktion von Biokraftstoffen Erdöl-Importe aus dem Ausland einspart werden, was vor allem aus Energiesicherheitsaspekten positiv gesehen wird. Führt die Biokraftstoffförderung tatsächlich zu Preissteigerungen von Agrarrohstoffen, würden sich die Preise für einige Lebensmittel verteuern und damit volkwirtschaftliche Kosten in die Höhe treiben. Zusammenfassend ist die Bewertung von zahlreichen Unsicherheiten und Wechselwirkungen geprägt. Tendenziell scheinen sich die volkwirtschaftlichen Kosten aber in Grenzen zu halten. Davon ist insbesondere seit der Umstellung von einer Biokraftstoffquote auf die THG-Quote für Biokraftstoffe auszugehen.

---

[166] Vgl. Charles et al. 2013 und Ecofys 2013.

[167] Zu der Höhe der Subvention für die Steuerbegünstigungen siehe UBA 2014 a, S. 41.

[168] BLE 2016, S. 32.

4.3 Steuern/Subventionen

4.3.1 Kfz-Steuer

Im Folgenden wird der Beitrag der im Jahr 2009 geänderten Kfz-Steuer zum Klimaschutz untersucht. Das wichtigste Merkmal bleibt die nutzungsunabhängige Ausrichtung der Steuer an der Haltung von Kfz. Wenngleich die Kfz-Steuer nun eine CO_2-Komponente enthält, müssen lediglich pauschale Beträge für die spezifischen Emissionen des jeweiligen Pkw entrichtet werden. Da die meisten THG-Emissionen im Fahrbetrieb entstehen und sich der Kraftstoffverbrauch proportional zu den CO_2-Emissionen verhält, setzt die Steuer nicht am tatsächlichen CO_2-Ausstoß an.[169] Es wird somit kein emissionsbezogenes Lenkungsziel mit der Steuer verfolgt und erreicht. Vielmehr werden durch die Steuer Anreize gesetzt, Pkw mit niedrigen spezifischen Emissionen zu erwerben. Zudem bleibt die Kfz-Steuer konzeptionell auch der Finanzierung der Verkehrs-Infrastruktur verbunden (insbesondere auch im Wege einer angemessenen Heranziehung von Wenignutzern zur staatlichen Vorhalteleistung), was dem Lenkungsvermögen gewisse Grenzen auferlegt.[170] Vor diesem Hintergrund soll nun die konkrete Ausgestaltung der Steuer analysiert werden.

Grundsätzlich war von einem schwachen Impuls in Bezug auf die Erneuerung des Pkw-Bestandes auszugehen, da die modifizierte Kfz-Steuer nur für Neuwagen galt. Die ursprüngliche Verlautbarung, dass Kfz, die vor Juli 2009 zugelassen wurden, „schonend" ab 2013 in die neue Kfz-Steuer überführt werden sollten, ist bis heute nicht umgesetzt.[171, 172] Darüber hinaus liegt der Anteil der Kfz-Steuer an den gesamten Fahrzeugkosten in vielen Fällen nicht höher als 1 % oder deutlich

[169] Gawel 2011a, S. 140. Siehe zum Ganzen auch Gawel 2011b.

[170] Zu diesen Finanzierungsaspekten allgemein Gawel 2013, 2015 sowie zu der Verschränkungswirkung von Finanzierungs- und Lenkungszielen bei der Kfz-Steuer Gawel 2011b.

[171] Dudenhöffer 2009, S. 3.

[172] ADAC 2016.

darunter.[173] Dementsprechend ist zu bezweifeln, dass die Kfz-Steuer einen spürbaren Einfluss auf die Kaufentscheidung nimmt. Eine abnehmende Anreizwirkung ist auch deshalb anzunehmen, weil die Höhe der Steuerlast real durch die Inflation im Zeitablauf entwertet wird.[174] Die Hubraumkomponente der Kfz-Steuer scheint immer weniger als Anhaltspunkt für den Verbrauch und die Größe der Fahrzeuge geeignet zu sein, da es in den letzten Jahren vermehrt zum Einsatz kleinerer Motoren (in Bezug auf den Hubraum) in Kombination mit Turboladern gekommen ist.[175] Häufig haben diese Motoren eine höhere Leistung als Motoren mit mehr Hubraum ohne Aufladung, wodurch die Klimawirkung der Hubraumkomponente weiter abgeschwächt wird. Ein weiterer Aspekt, der den Klimaschutzbeitrag der Kfz-Steuer reduziert, sind die CO_2-Freibeträge. Damit bestehen keine Anreize, sich für ein Kfz mit CO_2-Werten unterhalb der Freibeträge zu entscheiden. Die Steuerbefreiung von Elektrofahrzeugen setzt natürlich einen gewissen Kaufanreiz und unterstützt die Marktdurchdringung von elektrischen Antrieben. Inwieweit diese Förderung aus Klimaschutzgesichtspunkten sinnvoll ist, hängt von den Lebenszyklusemissionen dieser Antriebsart ab (siehe Kap. 4.3.4). Abschließend sind Rebound-Effekte (die bei allen politischen Instrumenten, die auf Effizienzsteigerungen in Bezug auf den Kraftstoffverbrauch abzielen, auftreten) zu berücksichtigen (siehe Kap. 4.2.1).

Im Hinblick auf die Effizienz der Kfz-Steuer ist der Hauptkritikpunkt, dass das Prinzip des einheitlichen CO_2-Preises durch die kombinierte Bemessungsgrundlage aus CO_2-Emissionen und Hubraum verletzt wird.[176] Da sich Hubraum nicht proportional zu den CO_2-Emissionen verhält, kommt es zu einer verzerrten Anreizstruktur. Diese Tatsache wird durch Abbildung 9 verdeutlicht.

[173] Dudenhöffer 2009, S. 3.

[174] Gawel 2011a, S. 142.

[175] Mandler 2014, S. 130.

[176] Wackerbauer et al. 2011, S. 86/87.

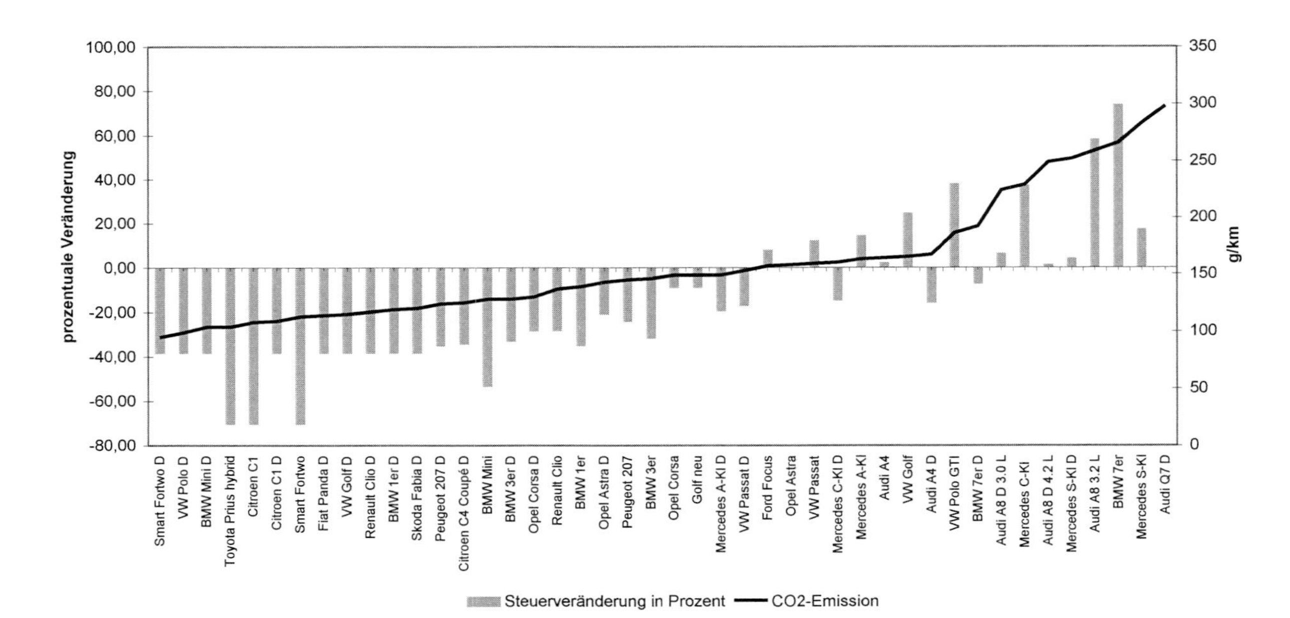

Abb. 9: Veränderung der Steuerlast in Abhängigkeit der CO_2-Emissionen durch die Kfz-Steuerreform. Quelle: Wackerbauer et al. 2011, S. 86.

Der linke Achsenabschnitt gibt die prozentuale Veränderung der Steuerlast im Vergleich zur vorherigen Fassung der Steuer an. Die durchgezogene Linie gibt die spezifischen CO_2-Emissionen für die jeweiligen Pkw an. Während es bei Fahrzeugen mit einem Ausstoß von unter 150 g CO_2/km zu einer überproportionalen Reduktion der Steuerlast kommt, scheint es bei Fahrzeugen, die über diesem Wert liegen, zu einer willkürlichen Be- oder Entlastung zu kommen.

Darüber hinaus wird an der steuerlichen Ungleichbehandlung von Pkw mit Diesel- und Benzinmotoren festgehalten. Dies führt zu inkonsistenten CO_2-Signalen der Kfz-Steuer bezüglich der Antriebstechnik, da sich abhängig von der Fahrleistung steuerliche Vor- oder Nachteile für Dieselmotoren ergeben können.[177] Die Kfz-Steuer-Reform kann als gutes Beispiel für den Interessenkonflikt der Politik zwischen fiskalischen Überlegungen und Klimaschutz herangezogen werden. Obwohl die Steuerreform mit Klimaschutzargumenten begründet wurde, legt die Beibehaltung der Hubraum-Komponente nahe, dass das Steueraufkommen auf gleichem Niveau wie vor der Reform verbleiben sollte und somit auch ein fiskalisches Interesse verfolgt wurde. Die Hubraumkomponente hat zu einer Stabilisierung des Steueraufkommens geführt, da es mit ihrem Wegfall und der Einführung der CO_2-Grenzwerte zu einer zunehmenden Abschmelzung der Bemessungsgrundlage gekommen wäre.[178] Ein Blick auf die Höhe des Steueraufkommens der Kfz-Steuer scheint diese Einschätzung zu bestätigen, da das Steueraufkommen ab 2009 relativ konstant zwischen 8,2 und 8,8 Mrd. € lag.[179] Die Kritik, dass es durch die Reform zu Steuersenkungen gekommen ist und dadurch der Autokauf angeregt wurde, scheint ebenfalls berechtigt.[180] So ist das Steueraufkommen von 8,8 Mrd. € im Jahr 2008 auf 8,2 Mrd. € im Jahr 2009 gefallen, obwohl es 2009 knapp 800.000 mehr Neuzulassungen als im Jahr da-

---

[177] Gawel 2011a, S. 142.

[178] Gawel 2011a, S. 141.

[179] Statista 2016c.

[180] Behlke 2009, S. 7.

vor gab.[181] Allerdings wurden im Jahr 2009 durch die Umweltprämie überproportional viele Pkw mit geringer Fahrzeuggröße, Verbrauch und Leistung zugelassen, wodurch der Einfluss der Kfz-Steuerreform auf das Steueraufkommen der Kfz-Steuer vermutlich teilweise relativiert werden muss.[182]

4.3.2 Energiesteuer

Die Besteuerung von Energieerzeugnissen, die bei der Verbrennung CO_2 freisetzen, folgt theoretisch der ökonomischen Idee der Pigou-Steuer, wenn auch ohne den damit verbundenen Optimalitätsanspruch. Durch die Besteuerung werden Energieerzeugnisse teurer und der resultierende CO_2-Ausstoß, der einen Schaden für die Gesellschaft hervorruft (negative Externalität), bepreist. Dies führt zu einem Anreiz, Energieerzeugnisse in geringerem Umfang einzusetzen und damit zu einer Reduktion der Emissionen. Idealerweise wird der Steuersatz so gewählt, dass die Steuereinnahmen den Schadenskosten, die durch den CO_2-Ausstoß entstehen, entsprechen.[183] Fundamentales Problem ist es dabei, die „richtige" Höhe der Steuer festzulegen, da einerseits der Schaden erst mit erheblichem Zeitverzug auftritt und andererseits die verursachergerechte Ermittlung der Schadenskosten annähernd unmöglich ist.[184] Es kann somit nur eine Annäherung an den „richtigen" Steuersatz geben. Werden die Vermeidungskosten falsch eingeschätzt und folglich die Steuerhöhe zu niedrig angesetzt, kann es zu einer geringeren Vermeidung kommen als ursprünglich intendiert.[185]

---

[181] Statista 2016c in Verbindung mit KBA 2016b, S. 11.

[182] ifeu 2015, S. 13.

[183] Wackerbauer et al. 2011, S. 30.

[184] Fritsch 2011, S. 110/111.

[185] Flachsland et al. 2011, S. 2102.

Die Energiesteuer ist eine Verbrauchsteuer und setzt am tatsächlichen Kraftstoffverbrauch, der stark von Fahrweise und Streckenstruktur abhängig ist, an. Aufgrund des proportionalen Zusammenhangs zwischen Kraftstoffverbrauch und CO_2-Emissionen kann somit der Energiesteuer in der Theorie eine gute emissionsbezogene Lenkungswirkung attestiert werden.[186] Die Energiesteuer ist in der Lage, sinkenden spezifischen Verbrauchswerten durch Effizienzsteigerungen (siehe Kap. 4.2.1 u. 4.3.1) höhere Kraftstoffkosten entgegenzusetzen und damit Rebound-Effekte zu reduzieren.[187] Die Energiesteuer hat keine CO_2-Komponente und es kommt somit nicht zu einer kohlenstoffabhängigen Differenzierung der Steuersätze. Insbesondere der steuerliche Vorteil für Dieselkraftstoff wird kritisch gesehen, da dieser einen höheren Energie- und Kohlenstoffgehalt pro Liter als Benzin aufweist.[188] Wie dies aus klimapolitischer Sicht[189] zu bewerten ist, erfordert eine genauere Analyse. Die Verbrennung eines Liters Diesel verursacht mehr CO_2 als die eines Liters Benzin. Allerdings ist der Kraftstoffverbrauch eines mit Diesel betriebenen Pkw gegenüber einem Pkw mit Otto-Motor niedriger pro gefahrenen Kilometer, da Dieselmotoren höhere Wirkungsgrade aufweisen. Es zeigt sich, dass insgesamt der CO_2-Ausstoß pro gefahrenen Kilometer mit einem Diesel-Pkw geringer ist als mit einem Pkw mit Ottomotor.[190] In den letzten Jahren emittierte ein durchschnittliches Dieselfahrzeug jedoch in Deutschland mehr CO_2 als ein durchschnittlicher „Benziner“ aufgrund einer überdurchschnittlichen Zunahme des Gewichts und der Motorleistung von Dieselfahrzeugen.[191] Grund dafür ist die absolute und prozen-

---

[186] Gawel 2011a, S. 140.

[187] Löschel et al. 2015, S. 61.

[188] Runkel/Mahler 2015, S. 1.

[189] An dieser Stelle ist die in dieser Arbeit vorgenommene Abgrenzung von Klimaschutzpolitik und Umweltpolitik besonders wichtig, da die Bewertung von Dieselkraftstoff in Bezug auf Stickoxid- und Partikelemissionen, die den Luftschadstoffen zuzurechnen sind und damit in die Zuständigkeit der Umweltpolitik fallen, deutlich anders ausfallen würde.

[190] Runkel et al. 2016, S. 29.

[191] Runkel et al. 2016, S. 8/29/30.

tuale Zunahme von Dieselfahrzeugen in den oberen Fahrzeugsegmenten, in denen Pkw mit tendenziell starker Motorisierung sowie hohen Fahrzeuggewichten und Fahrleistungen zu finden sind. Würde es zu einer kohlenstoffabhängigen Differenzierung der Steuersätze kommen, was konkret eine Anhebung des Dieselsteuersatzes bedeuten würde, hätte dies Auswirkungen auf die Anteile von Dieselfahrzeugen und „Benzinern" am Fahrzeugbestand, die Zusammensetzung der Fahrzeugsegmente und die Verkehrsleistung. Nach einer Erhöhung des Dieselsteuersatzes wäre ceteris paribus von einem Rückgang der Verkehrsleistung auszugehen, da die Nutzung von Dieselfahrzeugen teurer werden würde. Bezieht man dynamische Effekte mit ein, wäre eine erhöhte Nachfrage nach „Benzinern" zu erwarten und der Anteil dieser würde in den oberen Fahrzeugsegmenten wieder zunehmen. Folglich würde es zu einem Anstieg der CO_2-Emissionen kommen. Insgesamt käme es auf die Stärke dieser beiden gegenläufigen Effekte an. Aus den genannten Gründen kann deshalb keine eindeutige Aussage zu der Effektivität einer CO_2-Komponente der Energiesteuer gemacht werden. Die Steuervergünstigungen für CNG, Biomethan und LPG spielen eine zu vernachlässigende Rolle bei der Bewertung der Energiesteuer, da nur ungefähr 1 % des Pkw-Bestandes mit diesen Antriebstechniken ausgestattet ist.[192] Die Steuerentlastungen für Biokraftstoffe wurden 2012 weitestgehend eingestellt und werden deshalb nicht näher analysiert.

Ob es tatsächlich zu einer Reduktion der Verkehrsleistung und damit zu geringeren THG-Emissionen kommt, hängt davon ab, wie stark die Konsumenten auf steuerlich induzierte höhere Energiepreise reagieren. Grundsätzlich ist davon auszugehen, dass die Steuer von den Erzeugern auf die Konsumenten überwälzt wird, da der deutsche Kraftstoffmarkt keinen Einfluss auf die globale Preisentwicklung der Energieerzeugnisse hat.[193] Eine Untersuchung der Ökosteuer, mit der die Steuersätze von 1999 bis 2003 auf das heutige Niveau angehoben wurden,

[192] KBA 2016b, S. 10.

[193] Steiner/Cludius 2010, S. 4.

kann Aufschluss über die Wirkung der Steuer geben. Diese Untersuchung kommt zu dem Ergebnis, dass bei einer Steigerung der Kilometerkosten um 10 % knapp 2 % weniger Kilometer von den privaten Haushalten gefahren werden.[194] Nach Einbeziehung des Steueranteils am Kraftstoffpreis lässt sich die Steuerelastizität ermitteln, die mit –0,1 angegeben wird. Dementsprechend führt eine 10-prozentige Anhebung der Energiesteuersätze zu einer Reduktion der gefahrenen Kilometer pro Haushalt von 1 %.[195] Die Energiesteuer setzt also wirksame Anreize, wenn auch auf niedrigem Niveau, die Kilometerleistung zu reduzieren. Jedoch muss auch die Entwicklung der Einkommen berücksichtigt werden, wenn ein umfassendes Bild über die absoluten THG-Einsparungen gewonnen werden möchte. Die Einkommenselastizität der Haushalte beträgt 0,44 und ist damit deutlich stärker als die Preiselastizität.[196] Berücksichtigt man die Entwicklung der durchschnittlichen Haushaltseinkommen pro Monat von 1998 bis 2013, wird deutlich, dass über diesen Zeitraum das Bruttohaushaltseinkommen um knapp 24 % und das Nettohaushaltseinkommen um ca. 20 % gestiegen ist.[197] Es ist somit nicht verwunderlich, dass es trotz der im europäischen Vergleich hohen Steuersätze nicht zu einer Reduktion der Verkehrsleistung gekommen ist, wie Abbildung 5 (siehe S. 52) deutlich macht. Ein weiterer Aspekt, der die Effektivität der Energiesteuer abschwächt, ist die Uneinheitlichkeit der Energiesteuersätze in Europa, die zu „Tanktourismus" und vermehrtem Tanken im Ausland im Zuge von Transitverkehr führt.[198]

---

[194] Die an dieser Stelle genannte Preiselastizität der Nachfrage weicht von den Elastizitäten in Kap. 4.2.1 relativ deutlich ab. Vermutlich sind dafür Unterschiede im Betrachtungszeitraum verantwortlich, da hier nur kurzfristige Reaktionen untersucht wurden. Bei dieser kurzfristigen Betrachtung wird das Verhalten der Konsumenten als gegeben angenommen. Verlängert man den Betrachtungszeitraum, können auch Verhaltensänderungen miteinbezogen werden. Dementsprechend sind kurzfristige Elastizitäten häufig niedriger als längerfristige (Steiner/Cludius 2010, S. 5).

[195] Steinert/Cludius 2010, S. 6/7.

[196] Steiner/Cludius 2010, S. 6/7.

[197] Destatis 2016a.

[198] SRU 2012, S. 155.

Für die Bewertung der Energiesteuer hinsichtlich Effektivität und Effizienz unter Klimagesichtspunkten[199] spielt die reale Entwertung der Energiesteuersätze durch die Inflation eine wichtige Rolle. Aufgrund der Beibehaltung der Steuersätze seit 2003 ist es bis zum Jahr 2014 zu einer deutlichen realen Entwertung der Steuersätze von 14 % gekommen.[200] Diese regressive Wirkung der Steuer führt zu einem kontinuierlichen Bedeutungsverlust der Steuer für die Konsumenten. Außerdem sind dem Staat von 2003 bis 2014 durch die Inflationsentwertung real ungefähr 34 Mrd. € entgangen.[201]

Die Energiesteuer entspricht in Bezug auf die Effizienz nicht dem Prinzip des einheitlichen CO_2-Preises, nach dem jede Tonne CO_2 mit dem gleichen Preis/der gleichen Steuerlast belegt wird.[202] Dies hat unterschiedliche hohe Vermeidungskosten der Energieträger zur Folge, wie aus Abbildung 10 hervorgeht.

Durch die steuerliche Begünstigung von Diesel ist die Emission einer Tonne CO_2 durch die Verbrennung von Diesel preiswerter als diejenige von Benzin. Dies scheint keinen sachlich erkennbaren Grund zu haben, da jede emittierte Tonne CO_2 gleich mit den gleichen externen Kosten einhergeht. Die Steuerbegünstigung von Diesel beträgt im Jahr 2010 ungefähr 7 Mrd. €.[203]

---

[199] Siehe zu einer breiteren Analyse der Energiesteuer zur Erfüllung von Energiewendezielen Gawel/Purkus 2015 sowie Rodi et al. 2016.

[200] UBA 2015b, S. 6.

[201] Runkel/Mahler 2015, S. 3.

[202] Wackerbauer et al. 2011, S. 36.

[203] UBA 2014a, S. 35.

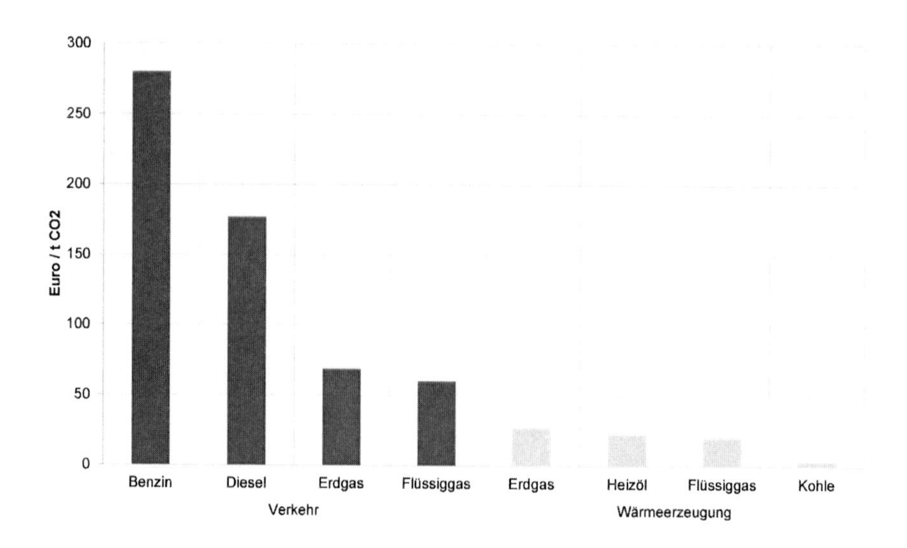

Abb. 10: Übersicht der Energiesteuersätze in Deutschland in € pro Tonne CO_2. Quelle: UBA 2014b, S. 127.

Insbesondere mit der Ökologischen Steuerreform wurden Umweltziele verstärkt mit fiskalischen Zielen verbunden. Dabei sollte von der sogenannten „doppelten Dividende" profitiert werden. Demnach können durch die Steuer ein positiver Effekt für die Umwelt (erste Dividende) erzielt und gleichzeitig Verzerrungen im bestehenden Steuersystem (zweite Dividende) abgebaut werden. Die Steuererhöhungen im Rahmen der Reform, die Mehreinnahmen von 18 Mrd. € eingebracht haben, wurden zu 85 % für die Reduzierung der Rentenversicherungsbeiträge verwendet, um den Faktor Arbeit zu entlasten.[204] Grundsätzlich erfüllt die Energiesteuer als aufkommensstärkste Verbrauchsteuer mit knapp 40 Mrd. € eine sehr wichtige fiskalische Funktion.[205]

[204] Steiner/Cludius 2010, S. 1.

[205] Wackerbauer et al. 2011, S. 36.

Die Energiesteuer bietet hohe dynamische Anreize, da sie verursachergerecht den gesamten Kraftstoffverbrauch besteuert. Im Gegensatz zu Geboten gibt es einen kontinuierlichen Reduktionsanreiz unabhängig von einem festgelegten Niveau oder Grenzwert. Wird von tendenziell steigenden Öl-Preisen und einer starken Orientierung der Kunden an Kraftstoffeffizienz in der Zukunft ausgegangen, entstehen aufgrund des starken Wettbewerbs in der Automobilbranche Anreize für die Hersteller, die Kraftstoffverbräuche ihrer Fahrzeugflotten zu reduzieren.[206]

4.3.3 Klimagerechte Veränderung der Dienstwagenbesteuerung

Um eine Aussage über mögliche Veränderungen der Dienstwagenbesteuerung treffen zu können, wird in einem ersten Schritt die derzeitige Ausgestaltung der Steuer untersucht. Dazu werden im Folgenden die Ergebnisse des Finanzwissenschaftlichen Forschungsinstituts der Universität zu Köln, die sich auf das Jahr 2008 beziehen, präsentiert. Da es zwischen 2008 und 2015 nur zu einer geringfügigen Zunahme der Neuzulassungen, des Pkw-Bestands und des Anteils der gewerblichen Halter an den Neuzulassungen/dem Pkw-Bestand gekommen ist, können die Ergebnisse für das Jahr 2008 als immer noch repräsentativ bzw. als Mindestgrößen angesehen werden.[207]

Für die folgende Betrachtung ist die Differenzierung zwischen Firmen- und Dienstwagen zweckmäßig. Daten zu Dienstwagen sind nicht vorhanden, sondern müssen aus der weiter gefassten Definition der Firmenwagen abgeleitet bzw. geschätzt werden. Es zeigt sich, dass ca. 60 % der Neuzulassungen und 10 % des Pkw-Bestandes auf gewerbliche Halter zugelassen sind. Für die Listenpreismethode sind nur Dienstwagen, die auch privat genutzt werden können und einkommensteuerpflichtig sind, von Belang. Es ergibt sich für diese ein Anteil von ca. 6 % am Bestand und 42 % an den Neuzulassungen. Firmen- und Dienstwagen

[206] Heymann 2014, S. 10.

[207] Vgl. KBA 2016a und KBA 2016b mit Diekmann et al. 2011.

werden in der Regel deutlich kürzer gehalten als private Pkw, womit sich die Diskrepanz zwischen dem Anteil an Bestand und Neuzulassungen erklären lässt. Durchschnittliche Verbrauchswerte und Fahrleistungen liegen bei Firmenwagen um das 2,5-fache höher als bei Privatfahrzeugen.[208] Dementsprechend tragen Firmenwagen zu einem erheblichen Anteil der gesamten CO_2-Emissionen im Pkw-Bereich bei und der Besteuerung ebendieser kommt deshalb eine große Bedeutung zu.[209]

Aus Sicht der Arbeitnehmer gibt die pauschale und dadurch sehr ungenaue Listenpreismethode den Anreiz, Dienstwagen so viel wie möglich privat zu nutzen, und lädt letztendlich damit zu einer missbräuchlichen Nutzung von Dienstwagen ein. Darüber hinaus wird die Anschaffung von Neu- anstelle von Gebrauchtwagen angeregt. Dies liegt daran, dass der Brutto-Listenpreis als Bewertungsmaßstab herangezogen wird und nicht der tatsächliche Kaufpreis. Häufig werden Aufwendungen der Fahrzeugnutzung (wie Kraftstoffkosten und Versicherung) vom Arbeitgeber bezahlt, da diese Kosten neben dem Kaufpreis ebenfalls steuerlich absetzbar sind. Folglich werden eine übermäßige Fahrzeugnutzung und hohe Fahrleistungen angeregt.[210]

Auf Arbeitgeberseite ergeben sich hauptsächlich zwei Vorteile der Bereitstellung von Firmen- und Dienstwagen. Durch die Bereitstellung der Sachleistung „Dienstwagen" können die Unternehmen Lohnnebenkosten einsparen. Außerdem können Firmen- und Dienstwagen und deren Betriebskosten steuerlich abgeschrieben werden, was den zu versteuernden Gewinn reduziert. Dieser Vorteil ist dann besonders groß, wenn hochpreisige Pkw angeschafft werden.[211]

[208] Görres/Meyer 2008, S. 8.

[209] Diekmann et al. 2011, Kap. B.

[210] Diekmann et al. 2011, Kap. C.4.3.

[211] Diekmann et al. 2011, Kap. F.2.

Die Dienstwagenbesteuerung gibt in ihrer derzeitigen Ausgestaltung einen systematischen Anreiz, tendenziell teurere Dienstwagen für die dienstliche und private Nutzung anzuschaffen. Teurere Fahrzeuge sind in der Regel stärker motorisiert und schwerer und führen deshalb zu höheren spezifischen THG-Emissionen. Insbesondere wenn die Unterhaltskosten der Dienstwagen vom Unternehmen übernommen werden, reduziert sich die Anreizwirkung von Kfz- und Energiesteuer. Diese Bewertung lässt sich empirisch untermauern. Der Anteil der Fahrzeuge der oberen Mittelklasse, Oberklasse und Geländewagen an den Neuzulassungen ist jeweils doppelt so hoch bei gewerblich zugelassenen Neuwagen wie bei privat zugelassenen Neuwagen.[212] Zudem werden überdurchschnittlich viele gewerblich zugelassene Neuwagen im Hubraumsegment von zwei Litern und mehr erworben.[213] Insgesamt sind die spezifischen durchschnittlichen CO_2-Emissionen der Firmenwagen um 5 g CO_2/km (Neuzulassungen) bzw. 6,8 g CO_2/km (Bestandsfahrzeuge) höher als bei privaten Pkw.[214] Letztgenannter Aspekt scheint die getroffene Einschätzung höherer CO_2-Relevanz zu bestätigen, obgleich eigentlich unterdurchschnittliche CO_2-Emissionen von Firmenwagen zu erwarten wären aufgrund des Gewinnkalküls der Unternehmen und aufgrund eines hohen Anteils von Neuwagen sowie Dieselfahrzeugen am Flottenbestand.

Eine Abschaffung bzw. Reduktion dieser (Fehl-)Anreize würde zu einer stärkeren Ausrichtung der Kaufentscheidung und Nutzung von Firmen- und Dienstwagen an Klimaschutz-Kriterien beitragen und ließe somit eine deutliche THG-Reduktion erwarten. Durch die wenig zielgenaue und nicht der tatsächlichen privaten Nutzung entsprechenden Listenpreismethode kommt zu staatlichen Einnahmeverlusten von mindestens 500 Mio. € pro Jahr, was sich aus Effizienzgründen nicht rechtfertigen lässt.[215]

---

[212] Diekmann et al. 2001, S. 20.

[213] Diekmann et al. 2011, S. 19.

[214] Diekmann et al. 2011, S. 35.

[215] UBA 2014a, S. 39.

4.3.4 Absatzförderung von Elektrofahrzeugen: Umweltbonus

Für die Beurteilung der Effektivität der Maßnahme wird in einem ersten Schritt untersucht, inwieweit der Umweltbonus zur Erreichung des gesetzten Ziels von einer Million zugelassenen Elektrofahrzeugen in Deutschland bis zum Jahr 2020 beitragen kann. Daraufhin wird der Frage nachgegangen, ob die Elektrifizierung von Pkw derzeit überhaupt einen Klimaschutzbeitrag leisten kann.

Der Bestand an Elektrofahrzeugen (nach der Definition der NPE, siehe Kap. 2.2.2) befindet sich mit einer Stückzahl von ungefähr 51.000 auf einem niedrigen Niveau.[216] Dementsprechend ist noch eine sehr große Ziellücke in den nächsten vier Jahren zu schließen. Der Umweltbonus soll den mutmaßlich wichtigsten Grund für die bisherige Zurückhaltung der Kunden, nämlich den höheren Grundpreis von Elektrofahrzeugen gegenüber vergleichbaren Modellen mit Verbrennungsmotor, abmildern und damit elektrisch angetriebenen Fahrzeugen zum Durchbruch verhelfen. Allerdings ist fraglich, wie stark der Kaufpreis durch den Umweltbonus überhaupt gesenkt wird. Da nur die Hälfte der finanziellen Förderung vom Staat getragen wird und viele Hersteller Rabatte auf ihre Elektrofahrzeuge geben, könnten die Hersteller ihre Rabatte um den von ihnen übernommenen Anteil der Subvention reduzieren.[217] Dafür scheint es einige Indizien zu geben und die Subvention würde sich dann nur auf den staatlichen Anteil beschränken.[218] Außerdem ist davon auszugehen, dass es zu Mitnahmeeffekten kommt, um von der bis 2019 gewährten Subvention zu profitieren. Dies führt lediglich zu einer vorzeitigen Anschaffung und nicht zu einer nachhaltigen Steigerung der Absatzzahlen.[219] Eine nennenswerte Verstärkung von Lern- und Skaleneffekten

[216] NPE 2016, S. 17.

[217] Dietrich et al. 2016, S. 22.

[218] Spiegel Online 2016.

[219] Dietrich et al. 2016, S. 23.

dürfte angesichts der geringen zahlenmäßigen Dimension ebenfalls eher unwahrscheinlich sein.

Abbildung 11 zeigt die Neuzulassungen von Elektrofahrzeugen von Juni (Einführung der Maßnahme im Juli) bis November. Die Abbildung macht deutlich, dass es zu einem Anstieg der Neuzulassungen seit der Einführung des Umweltbonus gekommen ist. Aufgrund des niedrigen absoluten Niveaus der Werte erscheint es aber nicht zweckmäßig, prozentuale Steigerungsraten anzugeben, sondern eher diese Neuzulassungszahlen mit denen von herkömmlich angetriebenen Fahrzeugen ins Verhältnis zu setzen. Bei monatlichen Neuzulassungen von Benzin- und Dieselfahrzeugen von 250.000 bis 300.000 Stück machen Elektrofahrzeuge weniger als 0,2 % der Zulassungen aus. Der nach wie vor ausbleibende Durchbruch von Elektrofahrzeugen deutet auf eine wenig zielgerichtete Anreizsetzung der Politik hin. Eine Studie von Wirtschaftswissenschaftlern der TU Braunschweig zeigt, dass mit dem Umweltbonus bis 2020 in einem Basisszenario nur 23.000 Elektrofahrzeuge mehr

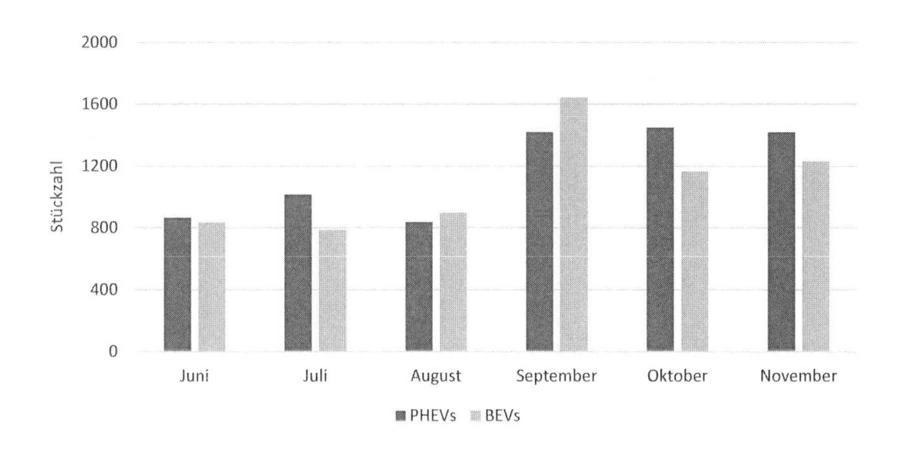

Abb. 11: Monatliche Neuzulassungszahlen von Elektrofahrzeugen von Juni bis November 2016. Quelle: KBA 2016c – h.

verkauft werden und das Ziel von 1 Mio. Elektrofahrzeugen um mehr als 600.000 Stück verfehlt wird.[220] Selbst in einem optimistischen Szenario werden nur 47.000 Elektrofahrzeuge mehr abgesetzt und die Marke von 1 Mio. Elektrofahrzeugen wird um 240.000 Fahrzeuge unterschritten. Dieser nur sehr schwache Impuls auf den Absatz ist vermutlich damit zu erklären, dass andere wichtige Einflussfaktoren noch nicht ausreichend vorangetrieben wurden. Erstens ist anzumerken, dass für viele potentielle Autokäufer nicht der Preis das wichtigste Entscheidungskriterium ist, sondern das Preis-Leistungs-Verhältnis und dementsprechend die Praktikabilität und Nutzbarkeit des Fahrzeugs bedeutend sind.[221] Zwar lautet eine häufige Argumentation für den Kauf von Elektrofahrzeugen, dass sich die üblichen Wege des Tages, die häufig nicht mehr als 30 km betragen, mit der derzeitigen Reichweite von Elektrofahrzeugen ohne Probleme bewältigen lassen. Dies mag richtig sein, muss aber noch kein Kaufgrund sein. Obwohl Elektrofahrzeuge zunehmend ins Bewusstsein potenzieller Autokäufer rücken, scheinen diese Fahrzeuge nur als Konkurrenten zu herkömmlich angetriebenen Pkw eingestuft zu werden, wenn die Reichweite zumindest auf einem ähnlichen Niveau liegt. Diese müsste durchschnittlich bei über 400 km liegen, was derzeit von fast keinen Elektrofahrzeugen im realen Fahrbetrieb[222] erreicht wird.[223] Zweitens ist die Ladeinfrastruktur noch nicht flächendeckend ausgebaut und die Aufladung der Batterie dauert deutlich länger als fossile Kraftstoffe zu tanken, was ggf. zusätzlich eine Anpassung der gesellschaftlichen Gewohnheiten notwendig macht.[224]

---

[220] TU Braunschweig 2016 in Verbindung mit Kieckhäfer et al. 2014.

[221] Aral 2015, S. 13.

[222] Zum Beispiel erreicht ein Tesla Model S unter idealen Bedingungen bis zu 444 km elektrische Reichweite, unter realen Bedingungen auf der Autobahn mit eingeschalteter Klimaanlage jedoch nur 184 km (auto motor und sport 2014).

[223] Aral 2015, S. 20/21.

[224] Dietrich et al. 2016, S. 22.

Neben der Frage, ob die Subvention geeignet ist, sollte in Bezug auf den Klimaschutz die Analyse der THG-Bilanz von Elektrofahrzeugen untersucht werden. Während die meisten THG-Emissionen herkömmlicher Pkw bei der Kraftstoffherstellung und der Verbrennung der Kraftstoffe in der Nutzungsphase entstehen, fällt der überwiegende Anteil der THG-Emissionen von Elektrofahrzeugen in der Produktionsphase der Batterie und bei der Produktion des für den Fahrbetrieb benötigten Stroms an. Dies macht einen Vergleich der Technologien mit dem derzeitigen Fokus auf Kraftstoffverbrauch hinfällig und erfordert eine Erweiterung des Betrachtungsumfangs auf die Emissionsentstehung über den gesamten Lebensweg des Fahrzeugs.[225] Im Folgenden werden Lebenszyklusemissionen von unterschiedlichen Antrieben gegenübergestellt. Die Ergebnisse beruhen auf einer umfassenden Analyse aus dem Jahr 2016 des Umweltbundesamts (UBA), welches vorhergehende Untersuchungen des Instituts für Energie- und Umweltforschung (ifeu) und des Öko-Instituts aufgreift und vertieft.[226] Aufgrund der raschen technischen Weiterentwicklung elektrischer Antriebe und einem sich verändernden Strommix wird auf eine möglichst aktuelle Studie zurückgegriffen.

Die in Abbildung 12 präsentierten Ergebnisse zeigen nicht nur die Situation „Heute", bezogen auf den Strommix von 2012, sondern die Studie prognostiziert auch die Entwicklung für 2030. Fahrzeuge mit Dieselmotor (Diesel Internal Combustion Engine Vehicle (ICEV)) stoßen 19 % weniger CO_2 über den Lebensweg aus als Fahrzeuge mit Ottomotor (Otto ICEV). Die Lebenszyklusemissionen von PHEVs mit 50 km Reichweite und BEVs mit 100 km liegen auf einem ähnlichen Niveau wie Diesel ICEVs. Die Lebenszyklusemissionen von BEVs mit 250 km Reichweite, die in der vorliegenden Abbildung nicht aufgezeigt sind, liegen bei über 250 g CO_2-Äq./km aufgrund des hohen Batteriegewichts und erhöhter CO_2-Emissionen bei der Batterieherstellung.[227] Während bei den ICEVs

[225] UBA 2016c, S. 17.

[226] Vgl. ifeu 2014 und Öko-Institut 2011.

[227] UBA 2016c, S. 79.

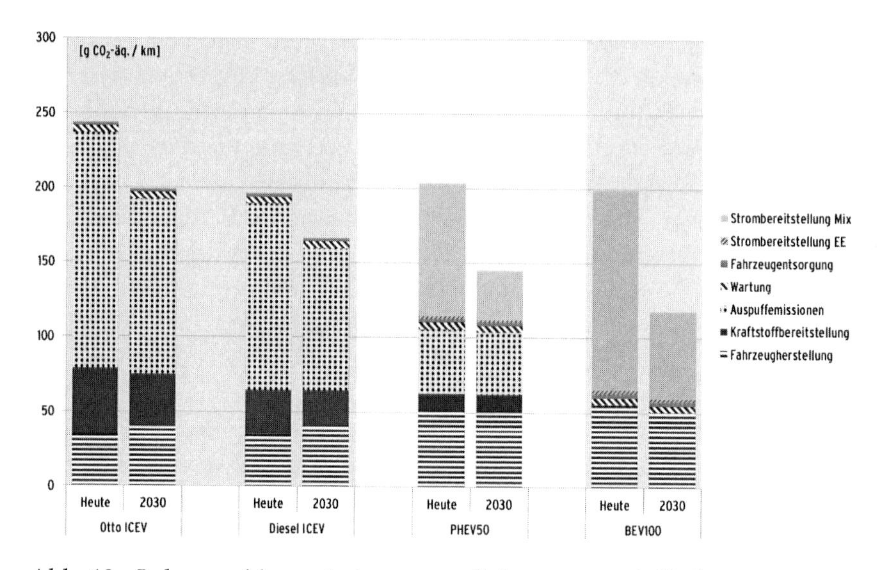

Abb. 12: Lebenszyklusemissionen von Fahrzeugen mit Verbrennungsmotor und Elektrofahrzeugen. Quelle: UBA 2016c, S. 19.

ungefähr zwei Drittel der CO_2-Emissionen durch die Verbrennung der entsprechenden Kraftstoffe entstehen, spielen bei den Elektrofahrzeugen die durch die Stromerzeugung entstandenen THG-Emissionen die größte Rolle. Darüber hinaus sind die Emissionen bei der Fahrzeugherstellung für Elektrofahrzeuge höher als bei ICEVS, da die Batterieherstellung sehr energieintensiv ist.[228] Der hellgrüne Balken in Abbildung 12 gibt einerseits die Emissionen der Stromerzeugung an und zeigt andererseits das CO_2-Einsparpotenzial auf, wenn der Strom zunehmend aus EE erzeugt werden würde. Letzteres wird als Hauptgrund für die Förderung von Elektrofahrzeugen gesehen, da mit einem steigenden Anteil der EE an der Stromerzeugung, sich die Bilanz von Elektrofahrzeugen kontinuierlich verbessert. Mit Blick auf die zukünftige Entwicklung bis zum Jahr 2030 werden deutlichere Reduktionspotenziale bei Elektro-

[228] Helms et al. 2012, S. 126/127.

fahrzeugen im Vergleich zu ICEVs zu realisieren sein. Dies liegt daran, dass die Batterieentwicklung und -herstellung im Vergleich zu herkömmlichen Verbrennungsmotoren noch in einem Anfangsstadium ist und dementsprechend größere technologische Potenziale hinsichtlich Energiedichte und Gewicht in Zukunft zu erwarten sind.[229] Für die Berechnung der Lebenszyklusemissionen sind zahlreiche Annahmen kritisch.[230] Insbesondere Annahmen über die Lebensfahrleistung bzw. Lebensdauer der Batterie, das Fahr- und Nutzungsprofil (Anteile Stadt, außerorts und Autobahn und elektrischer Fahranteil bei PHEVs) und der Stromerzeugungsmix wirken sich stark auf die THG-Bilanz aus.[231] Bei Variation dieser Annahmen können sich die Ergebnisse deutlich verändern. Für Elektrofahrzeuge hat die Lebensfahrleistung besonders großen Einfluss, da die Emissionen der Fahrzeugherstellung einen großen Anteil an den Gesamtemissionen ausmachen und dementsprechend hohe Kilometerleistungen zu einer Degression des Emissionssockels der Herstellung führen.[232] Ein Vergleich mit anderen Studien scheint die hier gezeigten Ergebnisse tendenziell zu bestätigen.[233] So liegen derzeit Elektrofahrzeuge auf dem THG-Niveau von Dieselfahrzeugen und deutlich unter dem von Benzinern. Hohes THG-Reduktionspotenzial wird sich aber erst in der mittelfristigen Zukunft realisieren lassen und hängt vom weiteren Ausbau der EE-Anteile an der Stromerzeugung ab. Angesichts der durchschnittlichen Pkw-Nutzungsdauer in Deutschland von 13 Jahren (UBA 2016c, S. 75), also bei heutiger Anschaffung bis ca. 2030, dürften dann bereits deutlich klimafreundlichere Strommix-Werte erreichbar sein. Vor diesem Hintergrund trägt die Förderung der Elektromobilität mit dem Umweltbonus gegenwärtig jedoch noch kaum zu einer Reduzierung der THG-Emissionen bei.

---

[229] ifeu 2014, S. 25.

[230] Die Annahmen für die hier präsentierten Ergebnisse finden sich in UBA 2016c, Kap. 3.

[231] Vgl. Hawkins et al. 2012 und ifeu 2014.

[232] Hawkins et al. 2012, S. 53.

[233] UBA 2016c, S. 85/86. Siehe auch Hawkins et al. 2012, S. 57 und EEA 2015, S. 49/50.

Der Umweltbonus erscheint daher aus verschiedenen Gründen nicht zielführend zu sein. Wie oben schon erwähnt, ist der Ansatz, am Anschaffungspreis von Elektrofahrzeugen anzusetzen, wenig vielversprechend. Der Nutzwert von Elektrofahrzeugen in Zusammenhang mit Reichweite und Verfügbarkeit von Ladestationen ist noch nicht auf einem vergleichbaren Niveau mit dem von „Verbrennern". Da neben dem Preis andere wichtige Einflussfaktoren noch nicht so weit entwickelt sind, führt der Umweltbonus nicht zu stark steigenden Absatzzahlen und dementsprechend kann nur sehr eingeschränkt von steigenden Skalenerträgen profitiert werden.[234] Es zeigt sich außerdem, dass die Absatzförderung ein wenig wirkungsvolles Instrument ist, den Ausbau der Ladeinfrastruktur voran zu treiben.[235] Zwar kommt es zu positiven Netzwerkexternatlitäten aber gleichzeitig auch zu einem stärkeren Wettbewerb der Anbieter untereinander, der den privaten Ausbau der Infrastruktur und das Angebot von Systemdienstleistungen weniger profitabel machen. Die finanzielle Unterstützung zum Kauf von Elektrofahrzeugen stellt keine technologieoffene Förderung alternativer Antriebe dar. Die weitere Entwicklung neuer Speichertechnologien, der Infrastrukturaufbau und die Erforschung alternativer Kraftstoffe, insbesondere synthetischer Kraftstoffe, sind ebenfalls wichtige Bereiche, die zukünftig einen Beitrag zum Klimaschutz leisten können.

4.4 Emissionshandel

In der volkswirtschaftlichen Theorie spricht vieles für die Einführung eines Emissionshandelssystems im Verkehrssektor. Dem Instrument wird eine hohe Treffsicherheit attestiert, da die THG-Emissionen direkt über die Mengenbegrenzung gesteuert werden können. Im Gegensatz zu einer Pigou-Steuer, die das Wissen über die Grenzvermeidungskosten der Marktteilnehmer voraussetzt, um die „richtige" Höhe der Steuer

[234] Dietrich et al. 2016, S. 24.

[235] Dietrich 2016, S. 14.

festzulegen, werden diese Informationen für die Implementierung eines Emissionshandels nicht benötigt.[236] Wenn alle Sektoren in den Emissionshandel einbezogen sind und keine anderen Instrumente existieren, die die Wirkung des Emissionshandels beeinflussen, bildet sich ein einheitlicher CO_2-Preis für Kohlenstoff heraus. Dies ermöglicht allen Marktteilnehmern eine interne Optimierung ihres CO_2-Ausstoßes, abhängig von ihren Grenzvermeidungskosten, und führt so zu einer effizienten und technologieoffenen Lösung des Klimaschutzproblems. Diese theoretischen Überlegungen sollten allerdings kritisch im Lichte realer Unvollkommenheiten und der besonderen Charakteristika des Verkehrssektors überprüft werden.[237]

Erstens wird davon ausgegangen, dass der Emissionshandel als komplementäres Instrument zu bestehenden Maßnahmen eingeführt würde und nicht als alleiniges Instrument des Verkehrssektors. Dies liegt zum einen daran, dass im Verkehrssektor mehrere Externalitäten (siehe Kap. 2.1 u. 2.3) vorliegen und für deren Internalisierung in der Regel mehrere Instrumente benötigt werden.[238] Zum anderen scheint der Emissionshandel aktuell kein langfristiges Preissignal erzeugen zu können, was allerdings für die Transformation des Verkehrssektors sehr wichtig ist. Wenngleich mit dem Emissionshandel eine langfristige Perspektive verfolgt wird, handelt es sich effektiv um ein Multiperiodensystem. Die Wiederkehr von Revisionsmöglichkeiten im Rahmen der demokratischen Gesetzgebung und sich daraus ändernde Zuteilungsentscheidungen können das Preissignal verzerren und die Volatilität des Preises erhöhen.[239] Darüber hinaus hat sich der Zertifikatepreis in der Vergangenheit nicht an strenger werdende Vorgaben angepasst, was als weiteres Indiz für die mangelnde Sensitivität des Preises auf langfristige Ziele zu

[236] Flachsland et al. 2011, S. 2102.

[237] Siehe zur kritischen Diskussion der praktischen Leistungsfähigkeit des EU ETS im Überblick Gawel 2016 mit weiteren Nachweisen.

[238] Flachsland et al. 2011, S. 2101.

[239] Matthes 2010, S. 21/22.

werten ist.[240] Um den Verkehrssektor zu dekarbonisieren, sind der Aufbau alternativer Infrastrukturen und die Förderung radikaler Innovationen notwendig. Diese Maßnahmen erfordern lange Vorlaufzeiten und erheblichen Kapitaleinsatz und sind dementsprechend auf ein starkes langfristiges und stabiles Preissignal angewiesen, welches der Emissionshandel aufgrund der genannten institutionellen Friktionen nicht bieten kann.[241] Abbildung 13 setzt die Vermeidungspotenziale mit den Vermeidungskosten in Beziehung und ordnet damit den Emissionshandel als Maßnahme mit marktnahen Potenzialen ein.

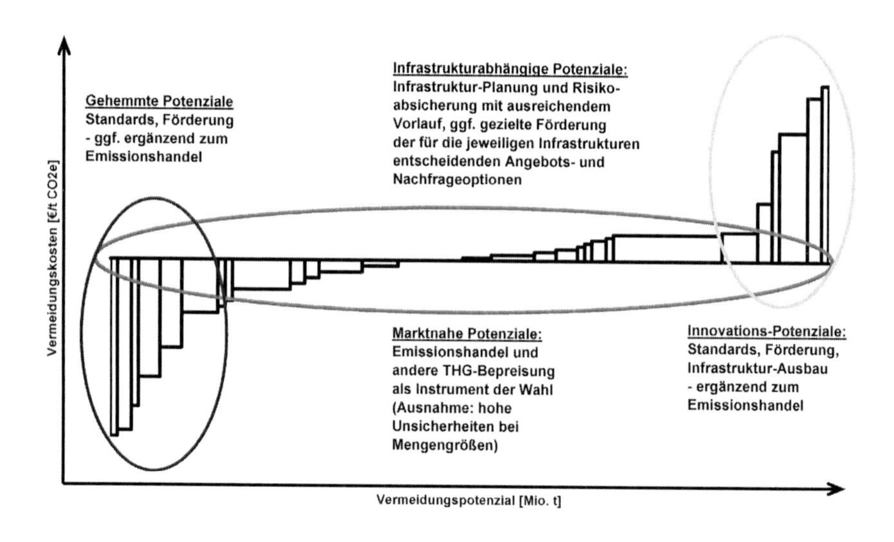

Abb. 13: Zuordnung von Vermeidungspotenzialen in Abhängigkeit von den Vermeidungskosten und Schwerpunktsetzungen bei der Instrumentierung. Quelle: Matthes 2010, S. 43.

[240] Matthes 2010, S. 24/25.

[241] Matthes 2010, S. 4.

Zweitens ist, selbst bei Inklusion des Verkehrssektors, das EU ETS immer noch segmentiert. Die nationalen Emissionsmärkte unterscheiden sich stark voneinander durch verschiedene nationale Emissionsreduktionsverpflichtungen und spezifische Maßnahmen. Es ist außerdem die Frage zu beantworten, ob die anderen Nicht-EU-ETS-Sektoren ebenfalls in den Emissionshandel miteinbezogen werden. Ist dies nicht der Fall, findet kein Ausgleich der Grenzvermeidungskosten über die gesamte Volkswirtschaft statt und es kommt somit zu Einbußen bei der Kosteneffizienz.[242]

Drittens ist zu klären, wie das Emissionshandelssystem für den Verkehrssektor genau aussehen würde. Als vielsprechende Option wird das offene System in Verbindung mit einem „Upstream"-Ansatz gesehen.[243] Dies bedeutet, der Verkehrssektor wird in das bestehende EU ETS eingegliedert und die Zertifikatepflicht setzt auf einer frühen Wertschöpfungsebene („weiter oben" – „upstream") bei den Mineralölproduzenten und -importeuren an. Dieses System wird gemeinhin bevorzugt, da es nicht praktikabel und zu teuer erscheint, alle Kleinemittenten (Autofahrer) in den Zertifikatehandel einzubeziehen.[244] Vielmehr würde die überschaubarere Anzahl an Mineralölproduzenten und -importeuren die Zertifikate erwerben und die Kosten (teilweise) an die Kleinemittenten weitergeben. Ein geschlossenes System, bei dem der Verkehrssektor nicht mit anderen Sektoren verbunden ist, hat den Vorteil, dass es nicht von den derzeitigen Schwächen des EU ETS betroffen ist und sich deshalb ggf. ein stärkeres Preissignal herausbilden könnte. Jedoch würde damit einer der Hauptgründe für die Einführung eines Emissionshandelssystems – die effiziente Vermeidung von THG-Emissionen über alle Sektoren hinweg – nichtig gemacht.[245] Darüber hinaus lassen sich Verwaltungskosten sparen, wenn an ein bestehendes System (EU ETS)

[242] Rave et al. 2013, S. 135.

[243] Vgl. UBA 2014b, Kasten et al. 2015 und Flachsland et al. 2011.

[244] UBA 2014b, S. 55/56.

[245] Paltsev et al. 2014, S. 23/24.

angeschlossen wird. Somit erscheint die Wahl eines geschlossenen Systems nicht zielführend.

Geht man nun für die weitere Analyse davon aus, dass der Emissionshandel als komplementäres Instrument eingeführt und der Verkehrssektor in das EU ETS integriert wird, sollten die Auswirkungen der Eingliederung, die Wirksamkeit des EU ETS und die Wechselwirkungen mit dem bestehenden Instrumentarium untersucht werden. Grundsätzlich steht das EU ETS stark in der Kritik, weil die Zertifikatpreise deutlich niedriger sind als ursprünglich angenommen. Dies lässt auf einen Überschuss ausgegebener Zertifikate schließen.[246] Als einer der Gründe für die Aufnahme des Verkehrssektor in das EU ETS wird die Möglichkeit genannt, diesen Überschuss abzubauen und dadurch den Preis wieder nach oben zu treiben.[247] Konkrete Untersuchungen lassen jedoch an dieser Wirkungskette zweifeln und gehen von keiner oder einer geringen Preisveränderung durch die Inklusion des Verkehrssektors in das EU ETS aus.[248] Als Erklärung dafür können die (bisher) niedrigen Klimaschutzziele im Verkehrssektor und das schon relativ umfangreiche bestehende Instrumentarium dienen.[249] Unabhängig vom Zertifikatpreis kommt es zu der festgelegten Reduktion der CO_2-Emissionen um 1,74 % jährlich. Allerdings muss diese Reduktion nicht im Verkehrssektor stattfinden. Wie stark die einzelnen Sektoren auf die Zertifikatpreise reagieren, hängt vom Wettbewerbsumfeld und den entsprechenden sektorspezifischen Grenzvermeidungskosten ab. An dieser Stelle zeigt sich der Zielkonflikt zwischen einer verursachergerechten Beteiligung an der THG-Reduktion und Effizienz. Da der Verkehrssektor für 18 % der deutschen THG-Emissionen verantwortlich ist, sollte dieser auch einen entsprechenden Beitrag zur THG-Minderung leisten. Hinsichtlich Effizienz ist jedoch wünschenswert, über die Harmonisierung der Vermeidungs-

[246] Andor et al. 2015, Kap. 2.

[247] Löschel et al. 2015, S. 62.

[248] Flachsland et al. 2011, Kap. 5 und Paltsev et al. 2014, S. 24/25.

[249] Flachsland et al. 2011, S. 2109 und UBA 2014b, S. 13/14.

optionen an der Stelle mit den geringsten Vermeidungskosten THG-Emissionen einzusparen. Die Wirksamkeit des Emissionshandels im Verkehrssektor manifestiert sich maßgeblich über den Kostenaufschlag für Kraftstoffe und wirkt somit komplementär zu der Energiesteuer. Schätzungen ergeben, dass die Preissteigerungen für Kraftstoffe allerdings im einstelligen Cent-Bereich verbleiben, selbst bei Zertifikatpreisen von 25 € pro Tonne.[250] Dementsprechend wird dem Emissionshandel im Verkehrssektor eine geringe Lenkungswirkung attestiert.[251] Durch die schwache Durchleitung des Preissignals wird davon ausgegangen, dass die Zertifikatepreise auf über 200 € pro Tonne steigen müssten, um die Kraftstoffeffizienz der Fahrzeuge in gleichem Maße wie die bestehenden CO_2-Grenzwerte bis 2021 zu erhöhen.[252] Dies erscheint bei derzeitigen Zertifikatpreisen von ungefähr 5 € pro Tonne unrealistisch. Da im Verkehrssektor marktnahe preiswerte Kostenpotenziale nur beschränkt vorhanden sind bzw. schon durch die Anreizsetzung anderer Instrumente adressiert wurden, kann der Emissionshandel keine starken Impulse setzten. Hinsichtlich Effizienz und dem Ziel eines einheitlichen Preises für CO_2-Emissionen scheint der Emissionshandel aufgrund der schon bestehenden Preisverzerrungen durch andere Instrumente, vor allem der Energiesteuer, ebenfalls nicht die erhofften Resultate zu erzielen.[253] Die Ausweitung des Emissionshandels kann positiv in der Zukunft wirken, wenn es zu einer stärkeren Verschmelzung des Verkehrs- und Energiesektors durch die zunehmende Elektrifizierung von Pkw kommt. Jedoch setzt der Emissionshandel insgesamt zu schwache dynamische Impulse, da das Preissignal nicht stark genug für längerfristige Investitionen ist. Zusammenfassend sprechen derzeit nicht genug Argumente für die Einführung eines Emissionshandels im Verkehrssektor, obwohl die Umsetzung in Form eines offenen „Upstream"-Ansatzes möglich wäre.[254]

---

[250] Kasten et al. 2015, S. 4 und Mock et al. 2014, S. 6.

[251] Kasten et al. 2015, S. 7.

[252] Vgl. Cambridge Econometrics 2014 und Mock et al. 2014.

[253] Flachsland et al. 2011, S. 2103.

[254] UBA 2014b, S. 13/14.

Dieses Instrument bleibt grundsätzlich eine interessante Option und könnte zukünftig, vor allem im Falle einer verbesserten Wirksamkeit des EU ETS und der Notwendigkeit einer engeren Koordination zwischen Energie- und Verkehrssektor, eine wichtige Rolle für die Klimaschutzpolitik des Verkehrssektors spielen.

4.5 Policy-Mix: Verbund bestehender Instrumente

Der Verkehrssektor ist geprägt von einer Vielzahl unterschiedlicher Politikmaßnahmen. In der Theorie wird das klimapolitische Ziel der THG-Reduktion idealerweise mit einem ökonomischen Instrument, wie einer Pigou-Steuer oder dem Emissonshandel realisiert. Mehrere Marktversagenstatbestände, eine „second-best"-Umgebung, das Vorhandensein mehrerer Zwischenziele und die Limitierung von ökonomischen Instrumenten, langfristige Preissignale zu erzeugen, können jedoch einen Policy-Mix vorteilhaft gegenüber einer einzelnen Maßnahme machen.[255] Zusätzlich ist die spezifische Struktur des Verkehrssektors zu berücksichtigen, der von einer hohen Pfadabhängigkeit bezüglich der Verwendung fossiler Energieträger, einer starken Infrastrukturkomponente und zahlreichen Hemmnissen und Barrieren geprägt ist.[256] Dementsprechend wird davon ausgegangen, dass die Klimaschutzproblematik im Verkehrssektor nur durch eine Reihe von komplementären Instrumenten gelöst werden kann.[257] Es sollte jedoch sichergestellt werden, dass es zu einer zeitlichen, räumlichen und inhaltlichen Abstimmung der Instrumente kommt, ein enger Zusammenhang zur Reduktion von THG-Emissionen vorliegt und Zwischenziele sich nicht konterkarieren.[258] Die in Kapitel Vier untersuchten Instrumente für die klimagerechte Regulie-

[255] Für eine ausführliche theoretische Diskussion der Argumente für und gegen einen Policy-Mix siehe Rave et al. 2013, Kap. 3; Lehmann 2012.

[256] Matthes 2010, S. 4/5.

[257] UBA 2014b, S. 120.

[258] Rave et al. 2013, S. 126/127.

rung des MIV setzten an der Effizienz der Fahrzeuge, dem Betrieb der Fahrzeuge (Fahrleistung und -verhalten), der Nachfrage nach Verkehrsdienstleistungen und dem sich daraus ergebenden Modal-Split und den spezifischen Emissionen des Treibstoffmix an.[259] Die Energiesteuer wirkt mindernd auf alle vier Faktoren. Die Effizienz der Fahrzeuge wird auf der Angebotsseite durch die CO_2-Grenzwerte verbessert und auf der Nachfrageseite werden durch die Kfz-Steuer Anreize zum Erwerb sparsamer Fahrzeuge gegeben. Eine Reform der Dienstwagenbesteuerung würde ebenfalls zur Anschaffung von Fahrzeugen mit niedrigem Verbrauch im Bereich der Firmen- und Dienstwagen führen. Die Biokraftstoffquote/THG-Quote für Biokraftstoffe setzt am Treibstoffmix an. Durch die Förderung von Elektrofahrzeugen soll diesen zum Marktdurchbruch verholfen und damit THG-Emissionen längerfristig reduziert werden. Im Folgenden wird nun konkret die Effektivität des bestehenden Instrumentariums hinsichtlich Zwischenzielen und der absoluten THG-Reduktion untersucht.

Das Ziel, bis 2020 10 % des Endenergieverbrauchs im Verkehrssektor aus EE zu decken, wird hauptsächlich über die Biokraftstoffquote bzw. THG-Quote für Biokraftstoffe adressiert.[260] Während die Biokraftstoffquote den energetischen Mengenanteil von Biokraftstoffen am gesamten Kraftstoffverbrauch direkt festlegte, steuert die seit 2015 eingeführte Treibhausgasquote diesen nur noch mittelbar. Im Jahr 2015 lag der Anteil der EE am Endenergieverbrauch bei 5,2 % und die Zielmarke von 10 % in 2020 wird, wie aus Abbildung 7 (siehe S. 63) hervorgeht, vermutlich erreicht. Der Zusammenhang zwischen dem durch Biokraftstoffe der ersten Generation realisierten EE-Anteil und einer THG-Minderung im Verkehrssektor ist allerdings fraglich, da die THG-Bilanz von den Erzeugungspfaden der Ausgangsstoffe abhängt. Biokraftstoffe der zweiten

[259] UBA 2014b, S. 121.

[260] Diese Quote kann auch über die Verwendung von Strom aus EE erfüllt werden. Wie aus Kap. 4.2.2 hervorgeht, spielt Strom, der aus EE erzeugt wird, als erneuerbare Energiequelle im Verkehrssektor jedoch eine untergeordnete Rolle.

Generation spielen noch eine untergeordnete Rolle und um diese wettbewerbsfähig zu machen, müssen weitere technologische Fortschritte gemacht werden. Durch die Umstellung auf die Treibhausgasquote für Biokraftstoffe wird ein wichtiger Beitrag zur Erfüllung des Ziels der Richtlinie 2009/30/EG geleistet, die Lebenszyklusemissionen von Kraftstoffen von 2010 bis 2020 um 6 – 10 % zu reduzieren. Es ist jedoch zu berücksichtigen, dass die Erfassung aller mit der Biokraftstoffproduktion anfallenden THG-Emissionen immer noch mit großen Unsicherheiten behaftet ist und weitere Fortschritte in der Ermittlung von ILUC-Effekten gemacht werden müssen, um verlässliche Aussagen diesbezüglich treffen zu können. Insgesamt scheint die Nutzung von Biokraftstoffen nur einen beschränkten Beitrag zur Reduktion der THG-Emissionen im Verkehrssektor leisten zu können.

Das vermeintliche Klimaschutzziel 1 Mio. Elektrofahrzeuge bis 2020 auf die Straße zu bringen, wird aller Voraussicht nach weit verfehlt. Weder der Umweltbonus noch andere Förderinstrumente haben bis jetzt die Marktdurchdringung spürbar vorangetrieben. Abzuwarten bleibt, inwieweit der in den kommenden Jahren angestrebte Ladesäulenausbau den Absatz von Elektrofahrzeugen unterstützen kann. Grundsätzlich ist die Sinnhaftigkeit dieses Ziels als Klimaschutzvorgabe zu hinterfragen, da sich bei vollständiger Erfassung aller THG-Emissionen Elektrofahrzeuge auf dem THG-Niveau von herkömmlichen Dieselfahrzeugen befinden. Lediglich im Hinblick auf zukünftige Einsparpotenziale durch den zunehmenden Anteil von EE an der Stromerzeugung und die zu erwartenden Skaleneffekte der Batterieherstellung erscheint dieses Ziel gerechtfertigt zu sein.

Die Reduktion des Endenergieverbrauchs im Verkehrssektor stellt das unmittelbarste Zwischenziel zur Reduzierung der THG-Emissionen dar. Bis zum Jahr 2020 muss der Endenergieverbrauch gegenüber dem Basisjahr 2005 um 10 % reduziert werden.

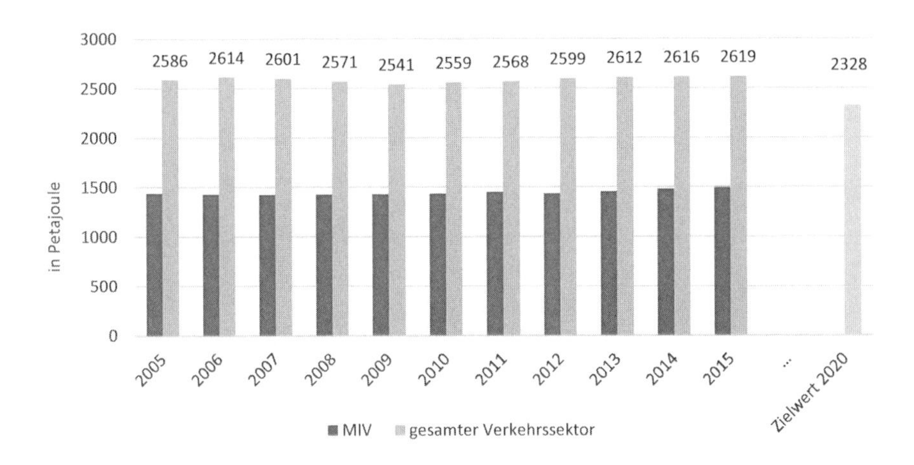

Abb. 14: Endenergieverbrauch des MIV und des gesamten Verkehrssektors in Deutschland von 2005 bis 2015. Quelle: Eigene Darstellung basierend auf BMVI 2016, S. 303.

Abbildung 14 zeigt die Entwicklung des Endenergieverbrauchs des MIV und des gesamten Verkehrssektors auf.

Abbildung 14 macht deutlich, dass der Endenergieverbrauch des Verkehrssektors zwischen 2005 und 2015 um 1,3 % zugenommen hat und zudem seit 2009 kontinuierlich gestiegen ist. Auch der Endenergieverbrauch des MIV ist gestiegen von 1437 Petajoule (PJ) im Jahr 2005 auf 1491 PJ im Jahr 2015.[261] Dies entspricht einer Steigerung von 3,8 %. Die notwendige Reduktion des Endenergieverbrauchs um über 2 % jährlich in den nächsten fünf Jahren scheint in Anbetracht des steigenden Trends kaum umsetzbar und lässt die Zielerreichung in 2020 in weite Ferne rücken.

Die absolute THG-Reduktion im Bereich des MIV ist zwar kein dezidiertes politisches Ziel, jedoch der entscheidende Bewertungsmaßstab für die vorliegende Arbeit. Obwohl keine offiziellen Statistiken zum

[261] BMVI 2016, S. 303.

THG-Ausstoß des MIV geführt werden, kann dieser näherungsweise über den Kraftstoffverbrauch ermittelt werden.

Abbildung 15 zeigt den absoluten Kraftstoffverbrauch von Benzin- und Diesel im Pkw-Bereich und den daraus resultierenden CO_2-Ausstoß im Zeitverlauf.[262] Die CO_2-Emissionen von Pkw sind seit 2000 annähernd gleichgeblieben und bewegen sich auf einem Niveau von ungefähr 110 Mio. t CO_2.[263] Für das Jahr 2015 betragen sie 111,8 bzw. 112,3 Mio. t CO_2.[264] Im Vergleich zu 2008 sind die CO_2-Emissionen um über 4 % angestiegen, was auf höhere durchschnittliche Fahr- und Motorleistungen der Pkw zurückzuführen ist.[265] Wie bereits in Kapitel Eins erwähnt, sind die absoluten THG-Emissionen im Verkehrssektor auf einem Niveau von 164 Mio. t CO_2-Äq. zwischen 1990 und 2015 unverändert geblieben.[266] Dementsprechend hat der Anteil des MIV an den THG-Emissionen über die letzten 25 Jahre zugenommen und beträgt mittlerweile über 68 %.

Die Klimaschutzpolitik im Bereich des MIV ist in Anbetracht der obigen Ausführungen als nicht effektiv zu beschreiben. Es zeigt sich, dass die formulierten Zwischenziele in Bezug auf den EE-Anteil und Elektrofahrzeugbestand nicht wirklich in Zusammenhang mit dem Ausstoß von THG-Emissionen stehen. Im Fall letztgenannten Ziels ist außerdem davon auszugehen, dass es zu einer sehr starken Zielverfehlung kommt. In den letzten zehn Jahren ist die Reduzierung des Endenergiebedarfs ebenso wenig gelungen wie die Minderung der absoluten THG-Emissionen über einen Zeithorizont von 15 Jahren.

---

[262] Der Kohlenstoffdioxidgehalt beträgt für Diesel 0,00264 t CO_2 pro Liter und für Benzin 0,00233 t CO_2 pro Liter (Runkel/Mahler 2015, S. 1).

[263] Dieser Wert stimmt mit Berechnungen der Expertenkommission zum Monitoring-Prozess „Energie der Zukunft“ überein (Löschel et al. 2015, S. 59).

[264] Destatis 2016b, S. 1.

[265] Destatis 2016b, S. 1/2.

[266] Im Vergleich zum Verkehrssektor sind die THG-Emissionen des Energiesektors um ungefähr 24 % zwischen 1990 und 2015 gesunken (BMWi 2016e, S. 61).

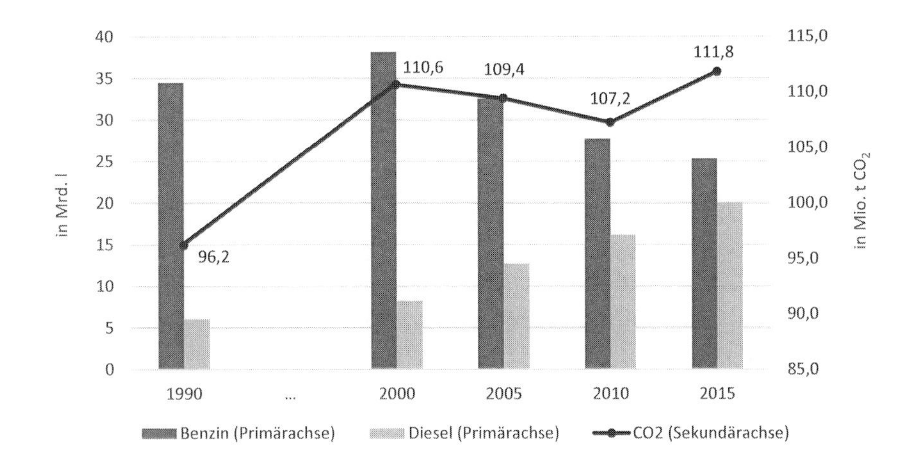

Abb. 15: Kraftstoffverbrauch und THG-Emissionen von Pkw in Deutschland von 1990 bis 2015. Quelle: Eigene Darstellung und Berechnung basierend auf Rieke 2001, Tab. 2 u. 3 und BMVI 2016, S. 308/309.

In Bezug auf die Effizienz muss dem bestehenden Instrumentarium hauptsächlich die Verletzung des Prinzips des einheitlichen CO_2-Preises vorgeworfen werden. Es wurde kein „level playing field", d. h. kein Umfeld mit denselben Rahmenbedingungen und Regularien für unterschiedliche Technologien und Energieträger, von der Politik geschaffen. Durch die steuerliche Ungleichbehandlung von Benzin, Diesel und alternativen Energieträgern kommt es zu Verzerrungen und eine Reihe sehr unterschiedlicher Preise für CO_2, abhängig von der gewählten Technologie, ist die Folge.[267] Zwar soll die steuerliche Besserstellung von Diesel bei der Energiesteuer durch höhere Abgaben bei der Kfz-Steuer ausgeglichen werden, jedoch erscheint dieser Ausgleich aufgrund der

[267] Vgl. Dudenhöffer/Krüger 2008 und Sinn 2008.

unterschiedlichen Berechnungsgrundlagen nicht zu gelingen.[268] Grundsätzlich scheint bei den steuerlichen Instrumenten das fiskalische Motiv im Vordergrund zu stehen, wie beispielsweise an der Beibehaltung der Hubraum-Komponente bei der Kfz-Steuer deutlich wird. Eine höhere Kosteneffizienz kann den ordnungsrechtlichen Maßnahmen attestiert werden. Zwar wird die Wirksamkeit der CO_2-Grenzwerte durch einige Ausgestaltungsdetails abgeschwächt, aber diese technologieoffene Maßnahme hat bis jetzt Wohlfahrtsgewinne erzeugt. In Zukunft ist mit einem starken Kostenanstieg durch den Wegfall preiswerter Vermeidungsoptionen zu rechnen. Mit der Umstellung von der Biokraftstoffquote auf die Treibhausgasquote für Biokraftstoffe können Kostensenkungspotenziale erschlossen werden, da das vorgegebene Ziel nun an den THG-Emissionen ausgerichtet ist und es über die Wahl unterschiedlicher Strategien erreicht werden kann. Durch die Abschmelzung der Steuervergünstigungen auf Bioreinkraftstoffe fällt eine technologiespezifische Subventionierung weg, deren Mittel für Zwecke mit einem höheren ökologischen Mehrwert genutzt werden können. Negativ auf die Effizienz wirken sich der Umweltbonus für Elektrofahrzeuge und die aktuelle Dienstwagenbesteuerung aus. Die finanzielle Unterstützung zum Kauf von Elektrofahrzeugen scheint derzeit nicht einer kosteneffizienten Verwendung staatlicher Mittel gerecht zu werden, da dieses Instrument an einem vergleichsweise wirkungslosen Stellhebel ansetzt und einer industriepolitischen Orientierung folgt. Die steuerliche Privilegierung von Dienstwagenfahrern, die überproportional zum THG-Ausstoß des MIV beitragen, und eine indirekte Unterstützung von Herstellern hochpreisiger Modelle darstellt, ist ebenfalls unter dem Gesichtspunkt der Kosteneffizienz nicht zu rechtfertigen. Insgesamt erscheint die Vielzahl nicht aufeinander abgestimmter Politikinstrumente zu Verzerrungen des Preissignals und zu einer wenig kosteneffizienten Ausgestaltung der Klimaschutzpolitik im Bereich des MIV zu führen.

[268] Runkel/Mahler 2015, S. 2.

4.6 Zwischenfazit

Die Regulierung des MIV im Hinblick auf den Klimaschutz ist von einer Vielzahl an politischen Maßnahmen geprägt, die an wichtigen Stellschrauben zur Reduzierung der THG-Emissionen ansetzen. Das vorherrschende politische Instrumentarium setzt an der Effizienz der Fahrzeuge, der Nutzungsphase von Pkw, der Verkehrsnachfrage und dem Modal Split sowie der Treibstoffzusammensetzung an. Jedoch zeigt die vorgenommene Analyse auch, dass einerseits alle Maßnahmen gewisse Schwachstellen haben und andererseits das übergeordnete Klimaschutzziel bei der Ausgestaltung der Instrumente nicht priorisiert wurde.

Die CO_2-Grenzwerte sind effektiv in der Reduzierung des offiziell gemessenen durchschnittlichen Kraftstoffverbrauchs von Neuwagen und geben einen starken Innovationsanreiz für die Hersteller. Gleichzeitig werden die tatsächlichen THG-Emissionen (realen Kraftstoffverbräuche) durch die Verwendung des NEFZ immer stärker unterschätzt und die Gewichtskomponente reduziert den Anreiz, leichtere Fahrzeuge zu bauen, obwohl es einen starken positiven Zusammenhang zwischen Gewicht und Kraftstoffverbrauch gibt. Die Maßnahme betrifft lediglich Neuwagen und damit weniger als 10 % des Pkw-Bestands, weshalb ihre Wirkung begrenzt bleibt. Mit der Veränderung der Regulierung im Bereich der Biokraftstoffe wurde eine notwendige Trendwende vollzogen. Die „blinde" Verpflichtung zur anteiligen Verwendung von Biokraftstoffen, unabhängig von der Berücksichtigung der Ausgangsstoffe und deren Vorkettenemissionen, war nicht zielführend. Mit der Umstellung auf die THG-Quote für Biokraftstoffe und der Einführung von Nachhaltigkeitskriterien wurde die Zielgenauigkeit in Bezug auf den Klimaschutz erhöht. Für eine abschließende Bewertung müssen allerdings ILUC-Effekte umfassend berücksichtigt werden. Die Kfz-Steuer setzt kaum Impulse zum Erwerb eines sparsamen Fahrzeugs aufgrund ihrer im Vergleich zum Kaufpreis geringen absoluten Höhe. Durch die Kombination der zwei Bemessungsgrundlagen, CO_2-Ausstoß und Hubraum, und der unterschiedlichen Besteuerung von Benzin und Diesel kommt es zu einer unsystematischen Besteuerung der Fahrzeuge, woraus Effizienzverluste resultieren. Die Energiesteuer, die das einzige verursachergerechte ökonomische Instrument zur Reduzierung der THG-Emissionen im MIV darstellt, hat stark an Bedeutung verloren. Grund hierfür ist die unveränderte Beibehaltung der Steuersätze aus dem Jahr 2003. Dies ist aus klimaschutzpolitischer Sicht bedauerlich, da die Kombination aus kraftstoffsparenden Fahrzeugen (induziert durch die CO_2-Grenzwerte) und der Reduktion der Fahrleistungen einen wirkungsvollen Impuls zur Minderung der THG-Emissionen setzen könnte. Die unsystematische Differenzierung der Steuersätze ist aus Sicht der Kosteneffizienz negativ zu bewerten. Einen positiven Beitrag zur Anschaffung effizienter Pkw und zu geringeren Fahrleistungen könnte die Reform der Dienstwagenbesteuerung leisten, da diese den derzeit bestehenden Anreiz, hochpreisige Pkw als Dienstwagen anzuschaffen und diese stark für die private Nutzung zu verwenden, abschaffen könnte. Die Förderung der Elektromobilität über den Umweltbonus scheint ineffektiv und ineffizient zu sein. Die Anreize über den Kaufpreis reichen ohne stärkere Fortschritte bei den Reichweiten, schnelleren Ladevorgängen und der besseren Verfügbarkeit von Ladesäulen nicht aus und resultieren in einem wenig effizienten Einsatz öffentlicher Mittel. Die vieldiskutierte Einführung eines Emissionshandelssystems für den Verkehrssektor ist auf hoher theoretischer Abstraktionsebene als effektive und effiziente Maßnahme anzusehen. Nach Analyse der konkreten Ausgestaltungsoptionen zeigt sich aber, dass der Emissionshandel lediglich als Komplement zum bestehenden Instrumentarium dienen würde, weshalb Preisverzerrungen bestehen bleiben würden, und kaum eine spürbare ökologische Lenkungswirkung aufgrund seines kurzfristigen und schwachen Preissignals entfalten könnte.

Obwohl es zu einigen positiven Effekten durch den Maßnahmenkatalog der Politik in Bezug auf den Klimaschutz gekommen ist, haben gegenläufige Effekte Einsparpotenziale konterkariert. Die durchschnittliche Motorisierung und das durchschnittliche Gewicht der Neuwagen haben in den letzten Jahren kontinuierlich zugenommen, was sich in erhöhtem Kraftstoffverbrauch niedergeschlagen hat. Eine deutliche Zunahme der Verkehrsleistung in den letzten 15 Jahren hat Effizienzsteigerungen bei den Kraftstoffverbräuchen (über)kompensiert. Zusätzlich sind die Haushaltseinkommen gestiegen, mit der in der Regel eine Zunahme der Motorisierungsrate und Verkehrsleistung einhergeht.

Der bestehende Verbund an Instrumenten erscheint grundsätzlich ausreichend, um einen Klimaschutzbeitrag leisten zu können. Eine nicht konsequente Ausrichtung der Instrumente am THG-Ausstoß und eine insgesamt ineffektive Regulierung haben allerdings in den letzten 10 bis 15 Jahren keine messbaren Verbesserungen in Bezug auf Endenergieverbrauch und THG-Ausstoß induziert. Somit hat die angewandte Klimaschutzpolitik bisher keine wirksamen Impulse für einen klimagerechten MIV in Deutschland setzen können.

5

Zukunftsperspektiven und Reformoptionen für eine klimabezogene Regulierung des motorisierten Individualverkehrs in Deutschland

5.1 Vorbemerkungen

Die vorangegangene Analyse hat gezeigt, dass die bisherige Regulierung im Bereich des MIV nicht kompatibel mit den für 2020 beschlossenen Klimaschutzzielen (EE-Ziel, Reduzierung des Endenergieverbrauchs) des Verkehrssektors ist. Allein dieser Umstand dient als Argumentationsgrundlage für zukünftig ausgeprägte Reformbemühungen der klimabezogenen Regulierung. Darüber hinaus wurde im November 2016 im Rahmen des Klimaschutzplans 2050 erstmals ein sektorspezifisches THG-Ziel für den Verkehrssektor in Deutschland formuliert. Eine Reduktion von 40 % bis zum Jahr 2030 im Vergleich zu 2005 ist vorgesehen. Vergegenwärtigt man sich die Entwicklung der letzten 15 Jahre, in denen die THG-Emissionen des MIV und des gesamten Sektors ungefähr gleichgeblieben sind, müssen deutliche Veränderungen in den nächsten 15 Jahren vollzogen werden, um eine solche Reduktion zu bewerkstelligen. Grundsätzlich hängt das sektorspezifische Klimaschutzziel des Verkehrssektors stark von den sektorübergreifenden Vorgaben zum Klimaschutz ab. Wird eine 80-prozentige Minderung des gesamtwirtschaftlichen THG-Ausstoßes bis 2050 angestrebt, erscheint eine Reduzierung des Endenergiebedarfs um 40 % gegenüber 2005 und eine THG-Minderung von 60 % im Vergleich zu 1990 für den Verkehrssektors ausreichend.[269] Der unterproportionale Beitrag des Verkehrssektors zur Erreichung dieses sektorübergreifenden Ziels ist mit den vergleichsweise hohen Vermeidungskosten zu erklären.[270] Sollen glaubhafte Anstrengungen unternommen werden, die Erderwärmung auf 1,5 °C zu reduzieren, ergibt sich zusätzlicher Handlungsbedarf. Um dieses Ziel zu erreichen, hat sich Deutschland eine sektorübergreifende Senkung der THG-Emissionen von 95 % bis 2050 auferlegt. Daraus würde sich eine THG-Reduktion von 98,5 % für den Verkehrssektor im Jahr 2050 ergeben, da es in einigen anderen Sektoren nicht möglich ist, eine annähernd vollständige Dekarbonisierung umzusetzen.[271]

Tabelle 5 zeigt die notwendigen Anpassungsbedarfe des Verkehrssektors bis zum Jahr 2050.

Deutliche Veränderungen in der politischen Regulierung bzw. umfassende Reformen des bestehenden Instrumentariums sind notwendig, um diese Ziele realisieren zu können. Da der MIV mit über 68 % am THG-Ausstoß und über 55 % am Endenergieverbrauch des Verkehrssektors der wichtigste Bereich in diesem Sektor ist (siehe Kap. 4.5), kommt der Regulierung des MIV besonders große Bedeutung zu.

Zur Erläuterung der Zukunftsperspektiven und Reformoptionen erscheint eine Zweiteilung des nachfolgenden Kapitels sinnvoll. Der erste Teil geht von einer immer noch beherrschenden Marktstellung auf fossilen Kraftstoffen basierender Antriebe aus und der Zeithorizont der Untersuchung ist kurz- bis mittelfristig. Solange der Großteil der Emissionen bei der Verbrennung der Kraftstoffe, also in der Nutzungsphase, entsteht, kann grundsätzlich an dem derzeitigen Betrachtungsfokus der Politik festgehalten werden. Im zweiten Teil wird eine längerfristige Perspektive eingenommen und eine stärkere Durchdringung alternativer Antriebe angenommen. Dies erfordert eine Erfassung der THG-Emissionen

[269] UBA 2016d, S. 83 – 85.

[270] UBA 2016d, S. 74.

[271] UBA 2016d, S. 19.

Tab. 5: Minderungsziele des Verkehrssektors in Deutschland bei sektorübergreifenden THG-Minderungszielen von –80 % und –95 % im Jahr 2050

	2020	2030	2040	2050
80 % THG-Minderung sektorübergreifend (2°-Ziel)				
Endenergieverbrauch (Bezugsjahr 2005)	−12 %	−21 %	−31 %	−40 %
THG-Emissionen (Bezugsjahr 1990)	−15 %	−25 %	−43 %	−60 %
95 % THG-Minderung sektorübergreifend (1,5°-Ziel)				
Endenergieverbrauch (Bezugsjahr 2005)	−16 %	−31 %	−45 %	−50 bis −60 %
THG-Emissionen (Bezugsjahr 1990)	−20 %	−40 %	−70 %	−98,5 %

Quelle: Eigene Darstellung in Anlehnung an UBA 2016d, S. 20/88.

über den Lebensweg der Fahrzeuge und damit auch eine Anpassung der Regulierung.

5.2 Übergangsphase von fossilen zu alternativen Antriebsformen

Um auf einen Zielpfad zu gelangen, der die Erreichung einer 40-prozentigen Reduktion der THG-Emissionen bis 2030 ermöglicht, müssen in der kurzen bis mittleren Frist die bestehenden Instrumente konsequenter am THG-Ausstoß ausgerichtet werden. Während die Elektromobilität in den Medien und von der Politik häufig als „Allheilmittel" propagiert wird, hat die vorangegangene Analyse gezeigt, dass Elektrofahrzeuge derzeit noch keinen signifikanten Beitrag zur THG-Reduktion im Bereich des MIV leisten können. Die Durchdringung alternativer Antriebstechnologien im Pkw-Bestand ist mit 2 % auf einem sehr niedrigen Niveau. Es wird davon ausgegangen, dass fossile Antriebe in den 2020er Jahren weiterhin marktbeherrschend bleiben werden.[272] Vor diesem Hintergrund erscheint der Ansatz des regulativen Instrumentariums, Kraftstoffverbräuche und Verkehrsleistung zu reduzieren und damit THG-Emissionen in der Nutzungsphase von Pkw zu verringern, in den nächsten Jahren weiterhin zielführend. Gleichzeitig sollte die Schaffung sinnvoller politischer und wirtschaftlicher Rahmenbedingungen für die Durchdringung alternativer Antriebe, die zukünftig große Einsparpotenziale bieten können, nicht vernachlässigt werden. Für eine effektive und effiziente Ausrichtung der Klimaschutzpolitik im Bereich des MIV ist eine Reihe von Reformen denkbar.

Die CO_2-Grenzwerte stellen eine grundsätzlich effektive Maßnahme dar, die durchschnittlichen Kraftstoffverbräuche von Neuwagen zu senken. Aufgrund der technologieoffenen Ausgestaltung eignet sich diese Maßnahme, um unterschiedliche Antriebsinnovationen kosteneffizient voranzutreiben. Somit erscheint eine Verstetigung dieser Maßnahme über den Zeithorizont von 2020/2021 hinaus sinnvoll. Stabile politische Rahmenbedingungen sind wichtig, um kapitalintensive Investitionen anzureizen, die im Fall der Automobilbranche notwendig werden, um strengere Zielvorgaben einhalten zu können. In der Diskussion stehen derzeit Grenzwerte von 60 – 78 g CO_2/km für das Jahr 2025.[273] Grundsätzlich wird im Klimaschutzplan 2050 für eine Fortsetzung des Instruments nach 2020 plädiert.[274] In Bezug auf die Ausgestaltung der Maßnahme muss zwischen Effizienz und Effektivität abgewogen werden. Positiv auf die Effektivität der Maßnahme würde sich die Abschaffung von Super Credits und der Gewichtskomponente auswirken. Inwiefern Super Credits die herstellerspezifischen Zielwerte beeinflussen, hängt von der zukünftigen Entwicklung der Neuzulassungen von Elektrofahrzeugen ab.

---

[272] Vgl. Blanck/Zimmer 2016.

[273] Heymann 2014, S. 4 und Bundesregierung 2016, S. 219.

[274] BMUB 2016, S. 54.

Bereits durch Verordnung (EU) 333/2014 ist allerdings eine Obergrenze für die Wirkung von Super Credits festgelegt worden, weshalb diese nur einen moderaten Einfluss auf die Zielwerte haben werden. Unter dynamischen Gesichtspunkten erscheint die Beibehaltung von Super Credits sinnvoll, da den Herstellern ein verstärkter Anreiz gegeben wird, die Elektrifizierung ihrer Flotten voranzutreiben. Die Gewichtskomponente entlastet die Hersteller bei der Einhaltung der CO_2-Zielwerte. Dies ist vor dem Hintergrund einer verursachergerechten effektiven Klimaschutzpolitik nicht zu rechtfertigen. Eine Analyse zu den zukünftigen Effizienzpotenzialen in Bezug auf den Kraftstoffverbrauch von Pkw zeigt, dass sich mit Gewichtseinsparungen der Fahrzeuge die stärksten Energiereduktionen erzielen lassen.[275] Darüber hinaus hat die Analyse in Kap. 4.2.1 deutlich gemacht, dass bereits erhebliche THG-Reduktionspotenziale durch die Zunahme der Fahrzeuggewichte in der Vergangenheit ungenutzt geblieben sind. Es sollte demzufolge verstärkt auf eine Gewichtsreduzierung von Neuwagen hingewirkt werden. Hinsichtlich der Kosteneffizienz ist die Begrenzung der Wirkung von Super Credits negativ zu bewerten, da dies die Flexibilität der Hersteller bei der Wahl der zur Zielerreichung eingesetzten Maßnahmen reduziert.[276] Die Abschaffung der Gewichtskomponente hätte strengere Grenzwerte zur Folge und würde mit einem erheblichen Kostenanstieg für die Hersteller einhergehen. Während die Hersteller mit überdurchschnittlichen Fahrzeuggewichten absolut höhere Belastungen verkraften müssten, würden Hersteller von Kleinst- und Kleinwagen relativ in Bezug auf den Fahrzeugnettopreis überproportional belastet.[277] Höheren Kosten auf Seiten der Hersteller müssen Einsparungen auf Seiten der Konsumenten aufgrund der geringeren Kraftstoffverbräuche entgegengesetzt werden, um eine Aussage über die Effizienz treffen zu können.

[275] Hülsmann et al. 2014, S. 27.

[276] Ernst et al. 2014, S. 99 – 101.

[277] Ernst et al. 2014, S. 87/88.

Ein entscheidender Aspekt für die Effektivität der Instrumente, die am durchschnittlichen Kraftstoffverbrauch ansetzten, insbesondere CO_2-Grenzwerte, Kfz-Steuer und Pkw-Energieverbrauchskennzeichnung, stellt eine realitätsnahe Erfassung der Kraftstoffverbräuche dar.[278] Es ist nicht nachvollziehbar, warum an einem veralteten Messverfahren wie dem NEFZ so lange festgehalten wurde und gleichzeitig die Umstellung auf ein neues Messverfahren vorangetrieben wird, welches ähnliche Schwachstellen wie das alte Verfahren aufweist, und schon vor Einführung absehbar ist, dass es immer noch zu Abweichungen von über 20 % zu den realen Kraftstoffverbräuchen kommen wird (siehe Kap. 4.2.1). Hier besteht politischer Handlungsbedarf, da sonst die Glaubwürdigkeit der Angaben zu den Kraftstoffverbräuchen zunehmend erodiert und keine Transparenz mehr über die eigentliche Klimawirkung von Pkw besteht. Es sollte dementsprechend ein repräsentativer Testzyklus unter echten Straßen- und Alltagsbedingungen eingeführt werden. Da ein solcher Test, der „Real Driving Emissions“ (RDE)-Test, bereits ab 2017 zur Messung von Stickoxid-Emissionen für Pkw verwendet werden wird, erscheint die Verwendung dieses Tests zur Erfassung der CO_2-Emissionen von Pkw ebenfalls zweckmäßig.[279]

Die Ausrichtung der Kfz-Steuer am Hubraum der Pkw ist, wie in Kap. 4.3.1 gezeigt wurde, weder effektiv noch effizient. Das fiskalische Argument an der Hubraumkomponente festzuhalten, um das Steueraufkommen konstant zu halten, ist nicht stichhaltig. Über eine reine CO_2-Besteuerung ohne Freibetrag mit einem progressiven Tarif lässt sich das Steueraufkommen ebenfalls auf dem derzeitigen Niveau halten.[280] Gleichzeitig wird ein verzerrungsfreies Preissignal für Benzin und Diesel gesetzt und es besteht ein systematischer Anreiz „vom ersten Gramm CO_2“ an, ein verbrauchsarmes Fahrzeug anzuschaffen. Von einigen Experten wird die Wirksamkeit der Steuer aufgrund ihrer verbrauchsun-

[278] Löschel et al. 2015, S. 61.

[279] Tietge et al. 2015, S. 7.

[280] Mandler 2014, S. 31/32.

abhängigen Ausgestaltung grundsätzlich angezweifelt und eine Umlegung der Kfz-Steuer auf die Energiesteuersätze gefordert.[281] Dies ist generell vorstellbar, allerdings spricht die erhöhte Kraftstoffnachfrage im Ausland infolge höherer Energiesteuersätze im Inland dagegen („Tanktourismus").[282] Somit erscheint ein Festhalten an der Kfz-Steuer in Zusammenhang mit einer klimawirksamen Umgestaltung zielführend.

Neben der Kfz-Steuer könnte eine Reform der Dienstwagenbesteuerung auf eine stärker am CO_2-Ausstoß ausgerichtete Kaufentscheidung von Pkw hinwirken. Mit einem Marktanteil der Firmen- und Dienstwagen von jeweils 60 und 42 % (siehe Kap. 4.2.3) an den Neuzulassungen kann eine durchdachte Reform klimawirksame Impulse setzten. In der Diskussion steht ein zweiteiliger Lösungsvorschlag. Der erste Teil zielt auf eine genauere Erfassung des privaten Nutzungsanteils bei Dienstwagen ab. Einerseits wird die pauschale Anschaffungskomponente verändert, indem nicht mehr der Brutto-Listenpreis, sondern die tatsächlichen Anschaffungskosten die Bemessungsgrundlage darstellen. Andererseits wird eine nutzungsbezogene Komponente hinzugefügt, die die variablen Kosten der privaten Nutzung, welche hauptsächlich von Fahrstrecke und Kraftstoffverbrauch abhängen, berücksichtigt. Der zweite Teil setzt an den Abschreibungsmöglichkeiten von Firmenwagen an. Um den Anreiz zu reduzieren, relativ hochpreisige und damit verbrauchsstarke Pkw anzuschaffen, wird eine CO_2-Komponente eingeführt. Diese funktioniert nach einem Bonus-Malus-System, bei dem Pkw und entsprechende Kraftstoffkosten mit einem Anteil zwischen 50 und 150 % abhängig von ihren spezifischen CO_2-Emissionen abgeschrieben werden können. Nach Schätzungen würden durch diesen Reformvorschlag in einem Zeitraum von 8 Jahren ca. 3 bis 6 Mio. t CO_2 eingespart und steuerliche Mehreinnahmen von 2 bis 5 Mrd. € pro Jahr resultieren.[283]

---

[281] Wackerbauer et al. 2011, S. 88 und Dudenhöffer 2009, S. 4.

[282] Gawel 2011a, S. 137; Gawel 2011b.

[283] Diekmann et al. 2011, S. II/III/IV.

Die Energiesteuer hat über die verursachergerechte Besteuerung der Fahrleistung erhebliches Potenzial, die absolute Anzahl an gefahrenen Kilometern zu reduzieren und den Rebound-Effekt verbrauchsärmerer Pkw, der über die CO_2-Grenzwerte und andere Instrumente induziert wird, zu begrenzen. Damit dies in Zukunft gelingen kann, müsste von der Energiesteuer ein deutlich stärkeres Preissignal ausgehen. Dafür sollte die Energiesteuer jährlich an die Inflationsentwicklung angepasst werden.[284] Weitere Erhöhungen der Steuersätze könnten infolge von Effizienzsteigerungen bei den durchschnittlichen Kraftstoffverbräuchen vollzogen werden.[285] Es ist ebenfalls denkbar, die Entwicklung der Energiesteuersätze an die Entwicklung der Haushaltseinkommen zu koppeln. Wie in Kapitel 4.3.2 gezeigt wurde, wird der Preiseffekt durch den Einkommenseffekt überkompensiert und hat dadurch u. a. zu einer Zunahme der Verkehrsleistung geführt. Im Falle einer immer noch zu schwachen Lenkungswirkung könnte eine jährlich pauschale oder progressive Anhebung der Energiesteuersätze eine Option darstellen, die die zunehmende Dringlichkeit der Begrenzung des Klimawandels widerspiegelt und einen im Zeitverlauf immer stärkeren Reduktionsdruck erzeugt. Eine Anhebung der Energiesteuersätze um 3 Cent pro Jahr bis zum Jahr 2030 könnte nach Schätzungen die CO_2-Emissionen des MIV um bis zu 12,5 % verringern.[286] Um Preisverzerrungen der Energiesteuer zu reduzieren, erscheint der Abbau der steuerlichen Begünstigung von Dieselkraftstoff effizient. Aufgrund der aktuell schon bestehenden starken Diskrepanz der Energiesteuersätze zwischen den Mitgliedsstaaten der EU, wäre eine Harmonisierung der Energiesteuersätze auf europäischer Ebene zu begrüßen.[287] Dadurch könnten Anreize für das Tanken im Ausland abgemildert werden. Grundsätzlich sollte berücksichtigt werden, dass über die Preisregulierung die Menge nur indirekt gesteuert

[284] Runkel/Mahler 2015, S. 5.

[285] UBA 2015a, S. 87.

[286] UBA 2010, S. 41/42.

[287] Wackerbauer et al. 2011, S. 34/35.

werden kann und die „richtige" Höhe der Steuer, mit der die Externalität des Klimawandels vollständig internalisiert werden kann, nicht a priori bekannt ist.[288] Dementsprechend müssen ggf. immer wieder Anpassungen im Zeitverlauf vorgenommen werden. Sind eine grundlegendende Reform der Energiesteuer und eventuelle zukünftige Anpassungen aufgrund der politischen Durchsetzbarkeit nicht möglich und nimmt die Spreizung der Energiesteuersätze innerhalb der EU weiter zu, erscheint die Wahl eines nutzerabhängigen Systems, wie die Pkw-Maut, eher geeignet.[289] Diese müsste nutzungsabhängig ausgestaltet sein, um mit der Energiesteuer vergleichbare Anreize zu erzeugen.

Die wirksame Förderung alternativer Antriebsformen aus Klimaschutzgesichtspunkten kann neben den Reformen bestehender Instrumente einen wichtigen Beitrag zur THG-Reduktion leisten. In Bezug auf Biokraftstoffe sind erste notwendige Anpassungen in den letzten Jahren erfolgt, um die Biokraftstoffnutzung stärker an der tatsächlichen Klimabilanz auszurichten. Diese Bemühungen sollten fortgeführt werden, da die Verwendung von Biokraftstoffen nur zweckmäßig ist, wenn unter Einbeziehung von ILUC-Effekten deutliche Reduktionspotenziale im Vergleich zu fossilen Kraftstoffen möglich sind. Somit sollte die Regulierung konsequent an der Erfassung der Lebenszyklusemissionen von Biokraftstoffen ansetzen, was eine kontinuierliche Überprüfung der Auswirkungen des Biokraftstoffanbaus erfordert. Besonderer Fokus der Förderung sollte auf Biokraftstoffe der zweiten Generation gerichtet werden, da diese einerseits eine sehr viel bessere THG-Bilanz aufweisen und andererseits für ihre Produktion keine Anbauflächen beansprucht werden.[290] Die Förderung der Elektromobilität über den Umweltbonus sollte nicht fortgeführt werden, da kaum Impulse für einen stärkeren Absatz gesetzt werden. Der Ausbau der Ladeinfrastruktur und die Weiterentwicklung der Batterietechnik zur Erreichung höherer elektrischer Reichweiten

[288] Flachsland et al. 2011, S. 2102.

[289] UBA 2016d, S. 132/133.

[290] Erhard et al. 2014, S. 39/40.

sollten ebenfalls vorangetrieben werden, um die Akzeptanz und Durchdringung von Elektrofahrzeugen zu steigern. Da die THG-Bilanz von Elektrofahrzeugen entscheidend vom EE-Anteil des Strommix abhängt, sollte eine klimawirksame Förderung der Elektromobilität stärker an die Entwicklung der EE im Energiesektor gekoppelt werden.

5.3 Phase starker Marktdurchdringung mit alternativen Antriebsformen

Mit zunehmender Marktdurchdringung alternativer Antriebsformen verändern sich gewisse Gesetzmäßigkeiten, die im Bereich des MIV für lange Zeit als gegeben angenommen werden konnten. Da die Verbrennung von fossilen Kraftstoffen den überwiegenden Anteil an den gesamten Lebenszyklusemissionen der herkömmlich angetriebenen Fahrzeuge ausmacht, kann die Regulierung, solange alternative Antriebsformen noch keine relevanten Marktanteile haben, klimawirksam an den Kraftstoffverbräuchen ansetzen. Setzen sich mehr und mehr Pkw mit alternativen Antriebsformen durch, kommt es zu einer zunehmenden Diversifizierung der Ressourcenbasis der Energieträger und weniger CO_2-Emissionen entstehen beim Betrieb der Verkehrsmittel.[291] Einen Überblick der verkehrsbedingten Emissionsentstehung gibt Abbildung 16.

Dies hat zweierlei Auswirkungen. Erstens werden verkehrsbedingte Emissionen in geringerem Maße im Verkehrssektor erfasst.[292] Zweitens verringert sich der Einfluss von der Verbrennung fossiler Kraftstoffe auf die gesamten CO_2-Emissionen des MIV. Um die Klimawirkung unterschiedlicher Antriebe und Energieträger in Zukunft umfassend bewerten zu können, erscheint eine Neuausrichtung der politischen Regulierung notwendig. Abbildung 17 veranschaulicht mögliche Ansatzpunkte für eine in Zukunft wirkungsvolle Regulierung.

---

[291] Creutzig et al. 2011, S. 2397.

[292] Über Zielfestlegungen für den Endenergieverbrauch und die THG-Emissionen kann jedoch eine zu starke Verlagerung der herstellungsbedingten Emissionen ins Ausland oder auf andere Sektoren verhindert werden (UBA 2016d, S. 82/83).

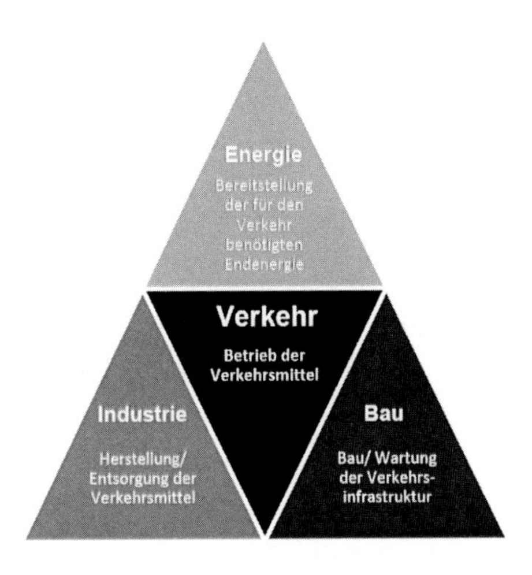

Abb. 16: Verkehrsbedingte Emissionen nach Sektoren.
Quelle: UBA 2016d, Abb. 11.

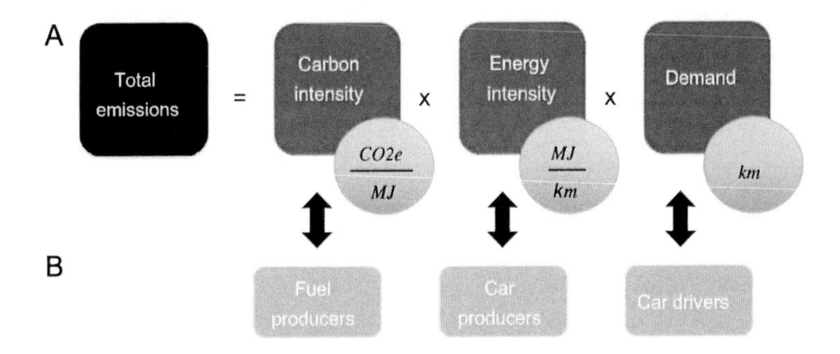

Abb. 17: Dekomposition der THG-Emissionen im Verkehrssektor.
Quelle: Eigene Darstellung in Anlehnung an Creutzig et al. 2011, Abb. 3.

In Bezug auf die Energieträger/Kraftstoffe wird die Erfassung der Emissionen über den gesamten Lebensweg an Bedeutung gewinnen. Während die Verbrennung den größten Anteil an den Lebenszyklusemissionen fossiler Kraftstoffe hat und die Berücksichtigung der Kraftstofferzeugung damit eher unbedeutend ist, spielen die THG-Emissionen, die bei der Erzeugung von alternativen Energieträgern wie Elektrizität oder Biokraftstoffen anfallen, eine entscheidende Rolle.[293] Somit sollten politische Rahmenbedingungen gesetzt werden, Lebenszyklusemissionen transparent zu machen und sie möglichst genau zu ermitteln. Der eingeschlagene Weg der europäischen und deutschen Regulierung an der Kohlenstoffintensität der Kraftstoffe anzusetzen, scheint grundsätzlich zweckmäßig.

Die Bewertung der Klimawirkung von Pkw ist derzeit an den Kraftstoffverbrauch in Litern oder CO_2-Emissionen pro gefahrenen Kilometer orientiert. Diese Messeinheit scheint mit zunehmender Durchdringung alternativer Antriebsformen nicht mehr zeitgemäß. Wie die vorangegangene Analyse deutlich gemacht hat, entsteht beispielsweise im Bereich der Elektrofahrzeuge ein Großteil der THG-Emissionen bei der Stromerzeugung. Bei der Biokraftstoffproduktion sind die Vorkettenemissionen der Ausgangsstoffe entscheidend. Da die Pkw-Hersteller auf diese Emissionen keinen Einfluss haben und mit der Messeinheit l/km bzw. CO_2/km nicht erfasst werden können, erscheint eine Umstellung der Bewertungsgrundlage auf die Energieintensität der Fahrzeuge, wie z. B. kWh/km oder MJ/km, sinnvoll. In Zusammenhang mit einer effektiven Regulierung aller Energieträger schafft die Bewertung nach Energieintensität ein faires Wettbewerbsumfeld für alle Antriebstechnologien.[294] Neben den oben erwähnten Ansatzpunkten sollte weiterhin der Versuch unternommen werden, die absolute Verkehrsnachfrage in km zu reduzieren und Rebound-Effekten im Zuge von Effizienzsteigerungen entgegenzuwirken.

---

[293] Creuztig et al. 2011, Kap. 2.

[294] Creutzig et al. 2011, S. 2401/2402.

Um den geänderten Anforderungen einer starken Marktdurchdringung alternativer Antriebsformen gerecht zu werden, erscheinen Anpassungen des politischen Instrumentariums angebracht. Die Vorteile einer Inklusion des Verkehrssektors in den Emissionshandel scheinen mit zunehmender Marktdurchdringung alternativer Antriebsformen, insbesondere elektrisch angetriebener Fahrzeuge, zuzunehmen, da die verkehrsbedingten Emissionen immer weniger im Verkehrssektor anfallen und eine stärkere sektorale Koordination der Maßnahmen erforderlich ist. Jedoch wird die Wirksamkeit des Instruments auch in Zukunft von der konkreten Ausgestaltung und den Reformanstrengungen, die aktuell existierenden Schwachstellen zu beheben, abhängen.

Bezüglich des bestehenden Instrumentariums sollten die auf die Kraftstoffeffizienz der Fahrzeuge abzielenden Maßnahmen umgestaltet werden und sich zukünftig an der Energieintensität orientieren. Dies betrifft vor allem die Grenzwerte für Neuwagen und die Energie- und Kfz-Steuer. Da sich der Hubraum immer stärker von den THG-Emissionen der Fahrzeugnutzung entkoppeln wird, stellt diese Bewertungseinheit keinen sinnvollen Ansatzpunkt zukünftiger Regulierung mehr dar. Das Fahrzeuggewicht, die Aerodynamik und der Rollwiderstand sind eng mit dem Energieverbrauch korreliert. Über die Verbesserung dieser technischen Parameter kann die Energieintensität der Fahrzeuge wirksam reduziert werden.[295] Bestehende Ausnahmeregelungen für alternative Antriebsformen sollten schrittweise abgebaut und die Transparenz über die tatsächlich verursachten THG-Emissionen erhöht werden. Die klimawirksame Regulierung des Verkehrssektors wird in Zukunft neuen Herausforderungen gegenüberstehen, da an den bekannten Stellhebeln weniger effektiv angesetzt werden kann. Eine anpassungsfähige Regulierung, die an der Reduktion von THG-Emissionen alternativer Antriebe ansetzt, wird erforderlich sein, um die in Zukunft deutlich strengeren Klimavorgaben erfüllen zu können.

[295] Hülsmann et al. 2014, S. 27.

6 Fazit

Die Klimaschutzpolitik im Bereich des MIV ist von einem Ziele- und Maßnahmenkatalog auf europäischer und deutscher Ebene bestimmt, der sich aus der Begrenzung der Erderwärmung auf 2 bis 1,5° C ableitet. Für den Verkehrssektor in Deutschland gelten bis zum Jahr 2020 die Ziele, 10 % des Endenergieverbrauchs aus EE zu decken und den Endenergieverbrauch um 10 % ggü. 2005 zu reduzieren. Im Rahmen des Klimaschutzplans 2050 wurde erstmals ein sektorspezifisches THG-Reduktionsziel von 40 % für das Jahr 2030 formuliert, das den Verkehrssektor deutlich stärker in die Verantwortung nimmt, einen Klimaschutzbeitrag zu leisten. Die klimapolitische Regulierung ist von der Umweltpolitik abzugrenzen und steht teilweise in einem Spannungsverhältnis zu anderen Zielstellungen der Industrie- und Fiskalpolitik, wodurch eine wirkungsvolle Ausrichtung der Klimaschutzpolitik erschwert wird. Um die gesetzten Ziele zu erreichen, wurde eine Reihe von Maßnahmen ergriffen, die an unterschiedlichen THG-Minderungsstrategien ansetzen. Eine umfassende Zusammenstellung aller beschlossenen und in der Diskussion stehenden Maßnahmen zeigt die vielfältigen Regulierungsoptionen der Klimaschutzpolitik im Verkehrssektor auf. Besondere Relevanz haben ordnungsrechtliche Instrumente und Steuern/Subventionen. Die Einführung eines Emissionshandelssystems für den Verkehrssektor wird von unterschiedlichen Interessenvertretern gefordert und als potenzielle Maßnahme zur wirkungsvollen THG-Reduktion im Verkehrssektor gesehen, weshalb diese Maßnahme auch in die Analyse miteinbezogen wird.

Die Analyse der einzelnen Instrumente nach den Bewertungskriterien der Effektivität und Effizienz zeichnet ein differenziertes Bild. Die CO_2-Grenzwerte stellen grundsätzlich ein effektives Instrument zur Verbesserung der Kraftstoffverbräuche von Pkw dar. Sie gelten allerdings nur für neu zugelassene Pkw. Die zunehmende Diskrepanz zwischen den realen Kraftstoffverbräuchen und denen, die über den NEFZ ermittelt werden, führen zu einer deutlichen Überbewertung der tatsächlich stattfindenden THG-Reduktion. Aus Kostensicht ist das Instrument der CO_2-Grenzwerte positiv zu bewerten, da die induzierten Kraftstoffeinsparungen die Kosten für die Einhaltung der Grenzwerte übersteigen und die Maßnahme technologieneutral ausgestaltet ist. Die Umstellung von der Biokraftstoffquote auf die THG-Quote für Biokraftstoffe erscheint sinnvoll. Die Bewertung der Klimawirkung unterliegt aber nach wie vor großen Unsicherheiten, da ILUC-Effekte des Biokraftstoffanbaus schwer zu erfassen sind. Biokraftstoffe der zweiten Generation sind von ILUC-Effekten nicht betroffen und haben eine niedrige THG-Bilanz. Diese sind jedoch noch nicht in großen Mengen verfügbar und ihr Einfluss auf die Vermeidung von THG-Emissionen bleibt deshalb beschränkt. Die Lenkungswirkung der Energiesteuer hat seit der Ökologischen Steuerreform aus dem Jahr 2003 kontinuierlich abgenommen, da im selben Zeitraum die Haushaltseinkommen gestiegen sind und die reale Energiesteuerbelastung durch die Inflationsentwicklung reduziert wurde. Niedrigere reale Energiesteuersätze für Diesel und Benzin in Verbindung mit höheren Haushaltseinkommen regen höhere Fahrleistungen an. Dies hat u. a. dazu geführt, dass aus niedrigeren Kraftstoffverbräuchen neuer Pkw kein „klimawirksames Kapital" geschlagen werden konnte und die Verkehrsleistung weiter zugenommen hat. Die Kfz-Steuer ist durch die Kombination aus Hubraum und spezifischem CO_2-Ausstoß der Fahrzeuge als Bemessungsgrundlage weder effektiv noch effizient ausgestaltet. Der Umweltbonus zur Absatzförderung von Elektrofahrzeugen erscheint ebenfalls als kein wirksames Klimaschutzinstrument. Weder konnten starke Absatzimpulse hervorgerufen werden noch ist die THG-Bilanz von Elektrofahrzeugen über den gesamten Lebenszyklus derzeit besser als bei Dieselfahrzeugen. Positive klimapolitische Impulse könnten von einer Reform der Dienstwagenbesteuerung ausgehen. Während in der Theorie die Eingliederung des Verkehrssektors in das EU ETS sinnvoll erscheint, wird durch die Analyse der konkreten Ausgestaltungsoptionen deutlich, dass das Preissignal der Zertifikate zu schwach und nicht stabil genug wäre, um spürbare THG-Reduktionen im Bereich des MIV zu induzieren.

Die angewandte Regulierung des MIV fällt aus Klimaschutzgesichtspunkten insgesamt ineffektiv aus. Die Zunahme der Verkehrsleistung überkompensiert Verbesserungen bei den Kraftstoffverbräuchen. THG-Minderungspotenziale über eine Reduzierung durchschnittlicher Fahrzeuggewichte sind teilweise ungenutzt geblieben, was u. a. auf die Gewichtskomponente der CO_2-Grenzwerte zurückzuführen ist. Aus Kostensicht sind die vielen unterschiedlichen Preise für CO_2 im MIV, abhängig von Energieträger und Fahrzeugtechnologie, negativ zu bewerten. Die Politik hat es nicht geschafft, gleiche Rahmen- und Wettbewerbsbedingungen für unterschiedliche Technologien und Kraftstoffe („level playing field") zu schaffen. Es werden weder die Endenergieziele des Verkehrssektors erreicht noch ist es in den letzten 15 Jahren zu einer absoluten Reduktion der THG-Emissionen im Bereich des MIV gekommen. Aus den genannten Gründen sind keine wirksamen Impulse zur klimagerechten Regulierung des MIV gesetzt worden.

Aufgrund der bisherigen Wirkungslosigkeit der Klimaschutzpolitik im Bereich des MIV und deutlich ambitionierteren Klimaschutzzielen in Zukunft, ergibt sich ein erheblicher Reformbedarf. In der kurzen bis mittleren Frist, in der weiterhin der Großteil der THG-Emissionen bei der Verbrennung fossiler Kraftstoffe anfällt, kann an dem bestehenden Instrumentarium festgehalten werden. Allerdings sollte eine deutlich stärkere Lenkungswirkung von Kfz- und Energiesteuer ausgehen, die Messung der Kraftstoffverbräuche realitätsnah erfolgen und die CO_2-Grenzwerte fortgeführt werden. Setzen sich alternative Antriebsformen stärker durch, erscheint eine Ausweitung des Betrachtungsumfangs auf die gesamte Wertschöpfungskette von Energieträgern und Pkw notwendig. Die Erfassung von Lebenszyklusemissionen der Energieträger und eine Ausrichtung der Regulierung an der Energieintensität der Fahrzeuge sollten im Fokus einer längerfristigen Klimaschutzpolitik im Bereich des MIV stehen.

Zusammenfassend lässt sich sagen, dass die Politik zwar grundsätzlich an wichtigen Stellhebeln zum Klimaschutz im Bereich des MIV ansetzt, die Instrumente jedoch nicht konsequent an der tatsächlichen Reduktion von THG-Emissionen ausgerichtet sind, wodurch die Regulierung insgesamt ineffektiv ausfällt. Im Hinblick auf die zukünftigen klimapolitischen Herausforderungen im Verkehrssektor sind erhebliche Anpassungen der Regulierung notwendig, um wirksame Impulse zur klimagerechten Ausrichtung des MIV in Zukunft setzten zu können.

Literaturverzeichnis

Achtnicht, M./Koesler, S. (2014): Energieeffizienz: größte Energiequelle oder Quell zusätzlicher Nachfrage, in: Wirtschaftsdienst 7/2014, 515 – 519.

ADAC (2016): Die Kraftfahrzeugsteuer – Steuer alt & neu. Abrufbar unter: https://www.adac.de/infotestrat/fahrzeugkauf-und-verkauf/kfz-steuer/neue-kfz-steuer/default.aspx?ComponentId=33831&SourcePageId=49382, gelesen am 14.12.2016.

Adolf, J./Fehrenbach, H./Fritsche, U./Liebig, D. (2013): Welche Rolle können Biokraftstoffe im Verkehrssektor spielen?, in: Wirtschaftsdienst 2013/2, 124 – 131.

Agentur für Erneuerbare Energien (AEE) (2013): Kritik an Biokraftstoff im Faktencheck – Debatte um Ausbauziele und Ethik erfordert mehr Differenzierung, Renews Kompakt 11.10.2013, Berlin.

Agentur für Erneuerbare Energien (AEE) (2016): Maßnahmen und Instrumente für die Energiewende im Verkehr, Forschungsradar Energiewende: Metaanalyse. Abrufbar unter: http://www.forschungsradar.de/metaanalysen/einzelansicht/news/metaanalyse-ueber-massnahmen-und-instrumente-fuer-die-energiewende-im-verkehr.html, gelesen am 29.11.2016.

Aghion, P./Dechezlepretre, A./Hemou, D./Martin, R./Van Reenen, J. (2012): Carbon Taxes, Path Dependency and Directed Technical Change: Evidence from the Auto Industry, CEP Discussion Paper No. 1178, London.

Andor, M./Frondel, M./Sommer, S. (2015): The right way to reform the EU emissions trading system, RWI Position #65, Essen.

Aral (2015): Aral Studie – Trends beim Autokauf 2015. Abrufbar unter: http://www.aral.de/content/dam/aral/Presse%20Assets/pdfs%20Br

osch%C3%BCren/trends-beim-autokauf-2015.pdf, gelesen am 03.01. 2017.

auto motor und sport (2014): TESLA S im Nachtest. Abrufbar unter: http://www.auto-motor-und-sport.de/news/tesla-s-im-nachtest-258-km-reichweite-bei-120-km-h-und-13-grad-8612751.html, gelesen am 16.12.2016.

Behlke, A. (2009): Steuerbefreiungen für „saubere" Autos durch Konjunkturprogramm und Kfz-Steuerreform – Geschenke mit zweifelhafter Wirkung, in: ifo Schnelldienst, 62. Jg. 6/2009, 5 – 9.

Blanck, R./Zimmer, W. (2016): Sektorale Emissionspfade in Deutschland bis 2050 – Verkehr, Arbeitspaket 1.2 im Forschungs- und Entwicklungsvorhaben des Bundesministeriums für Umwelt, Naturschutz, Bau und Reaktorsicherheit: Wissenschaftliche Unterstützung „Erstellung und Begleitung des Klimaschutzplans 2050", Berlin.

Braune, M./Grasemann, E./Gröngröft, A./Klemm, M./Oehmichen, K./Zech, K. (2016): Die Biokraftstoffproduktion in Deutschland – Stand der Technik und Optimierungsansätze, DBFZ Report Nr. 22, Leipzig.

Bundesanstalt für Landwirtschaft und Ernährung (BLE) (2016): Evaluations- und Erfahrungsbericht für das Jahr 2015. Abrufbar unter: http://www.ble.de/SharedDocs/Downloads/02_Kontrolle/05_NachhaltigeBiomasseerzeugung/Evaluationsbericht_2015.pdf;jsessionid=0C99FFCD7721E0124BA94C5B2D6ECE27.1_cid335?__blob=publicationFile, gelesen am 06.12.2016.

Bundesministerium der Finanzen (2016): Statistische Angaben zur Erfüllung der Biokraftstoffquote der Jahre 2007 – 2014. Abrufbar unter: http://www.bundesfinanzministerium.de/Content/DE/Standardartikel/Themen/Zoll/Energiebesteuerung/Statistische_Angaben_zur_Erfuellung_der_Biokraftstoffquote/2014-12-11anlage-biokraftstoffquote2007-2013.pdf;jsessionid=720DA69703B3011DACF73A1C9BA2D15C?__blob=publicationFile&v=5, gelesen am 06.12.2016.

Bundesministerium für Bildung und Forschung (BMBF) (2014): Die neue Hightech-Strategie: Innovationen für Deutschland. Abrufbar unter:

https://www.bmbf.de/pub_hts/HTS_Broschure_Web.pdf, gelesen am 24.11.2016.

Bundesministerium für Umwelt, Naturschutz, Bau und Reaktorsicherheit (BMUB) (2014): Aktionsprogramm Klimaschutz 2020 – Kabinettsbeschluss vom 3. Dezember 2014. Abrufbar unter: http://www.bmub.bund.de/fileadmin/Daten_BMU/Download_PDF/Aktionsprogramm_Klimaschutz/aktionsprogramm_klimaschutz_2020_broschuere_bf.pdf, gelesen am 04.01.2017.

Bundesministerium für Umwelt, Naturschutz, Bau und Reaktorsicherheit (BMUB) (2016): Klimaschutzplan 2050. Abrufbar unter: http://www.bmub.bund.de/fileadmin/Daten_BMU/Download_PDF/Klimaschutz/klimaschutzplan_2050_bf.pdf, gelesen am 03.01.2017.

Bundesministerium für Verkehr und digitale Infrastruktur (BMVI) (2015): Verkehr in Zahlen 2015/2016, 44. Jg., Hamburg.

Bundesministerium für Verkehr und digitale Infrastruktur (BMVI) (2016): Verkehr in Zahlen 2016/2017, 45. Jg., Hamburg.

Bundesministerium für Verkehr, Bau und Stadtentwicklung (BMVBS) (seit Dezember 2013 Bundesministerium für Verkehr und digitale Infrastruktur (BMVI)) (2012): Nationaler Radverkehrsplan 2020. Abrufbar unter: https://www.bmvi.de/SharedDocs/DE/Anlage/VerkehrUndMobilitaet/Fahrrad/nationaler-radverkehrsplan-2020.pdf?__blob=publicationFile, gelesen am 04.01.2017.

Bundesministerium für Verkehr, Bau und Stadtentwicklung (BMVBS) (seit Dezember 2013 Bundesministerium für Verkehr und digitale Infrastruktur (BMVI)) (2013): Die Mobilitäts- und Kraftstoffstrategie der Bundesregierung (MKS): Energie auf neuen Wegen. Abrufbar unter: https://www.bmvi.de/SharedDocs/DE/Anlage/UI-MKS/mks-strategie-final.pdf?__blob=publicationFile, gelesen am 29.11.2016.

Bundesministerium für Wirtschaft und Energie (BMWi) (2014): Zweiter Monitoring-Bericht „Energie der Zukunft". Abrufbar unter: https://www.bmwi.de/BMWi/Redaktion/PDF/Publikationen/zwei

ter-monitoring-bericht-energie-der-zukunft,property=pdf,bereich=bmwi2012,sprache=de,rwb=true.pdf, gelesen am 04.01.2017.

Bundesministerium für Wirtschaft und Energie (BMWi) (2015): Die Energie der Zukunft – Vierter Monitoring-Bericht zur Energiewende. Abrufbar unter: https://www.bmwi.de/BMWi/Redaktion/PDF/V/vierter-monitoring-bericht-energie-der-zukunft,property=pdf,bereich=bmwi2012,sprache=de,rwb=true.pdf, gelesen am 04.01.2017.

Bundesministerium für Wirtschaft und Energie (BMWi) (2016a): Energiedaten: Gesamtausgabe. Abrufbar unter: https://www.bmwi.de/BMWi/Redaktion/PDF/E/energiestatistiken-grafiken,property=pdf,bereich=bmwi2012,sprache=de,rwb=true.pdf, gelesen am 24.11.2016.

Bundesministerium für Wirtschaft und Energie (BMWi) (2016b): Herausforderungen für eine moderne Industriepolitik. Abrufbar unter: http://www.bmwi.de/DE/Themen/Industrie/Industriepolitik/moderne-industriepolitik,did=338430.html, gelesen am 24.11.2016.

Bundesministerium für Wirtschaft und Energie (BMWi) (2016c): Zeitreihen zur Entwicklung der erneuerbaren Energien in Deutschland unter Verwendung von Daten der Arbeitsgruppe Erneuerbare Energien-Statistik (AGEE-Stat). Abrufbar unter: http://www.erneuerbare-energien.de/EE/Redaktion/DE/Downloads/zeitreihen-zur-entwicklung-der-erneuerbaren-energien-in-deutschland-1990-2015.pdf;jsessionid=A0C7F987A4252A704AA807DD5C98E338?__blob=publicationFile&v=7, gelesen am 06.12.2016.

Bundesministerium für Wirtschaft und Energie (BMWi) (2016d): EEG 2017: Start in die nächste Phase der Energiewende. Abrufbar unter: http://www.bmwi.de/DE/Themen/Energie/Erneuerbare-Energien/eeg-2017-wettbewerbliche-verguetung.html, gelesen am 04.01.2017.

Bundesministerium für Wirtschaft und Energie (BMWi) (2016e): Fünfter Monitoring-Bericht zur Energiewende – Die Energie der Zukunft. Abrufbar unter: http://www.bmwi.de/BMWi/Redaktion/PDF/Publikationen/fuenfter-monitoring-bericht-energie-der-zukunft,prop erty=pdf,bereich=bmwi2012,sprache=de,rwb=true.pdf, gelesen am 05.01.2017.

Bundesministerium für Wirtschaft und Technologie (seit Dezember 2013 Bundesministerium für Wirtschaft und Energie) (BMWi) (2010): Energiekonzept für eine umweltschonende, zuverlässige und bezahlbare Energieversorgung. Abrufbar unter: https://www.bmwi.de/BMWi/Redaktion/PDF/E/energiekonzept-2010,property=pdf,bereich=bmwi2012,sprache=de,rwb=true.pdf, gelesen am 08.08.2016.

Bundesregierung (2015a): Bericht zur Steuerbegünstigung für Biokraftstoffe 2014, Deutscher Bundestag Drucksache 18/5893, Köln.

Bundesregierung (2015b): Zukunftsstadt – Strategische Forschungs- und Innovationsagenda. Abrufbar unter: https://www.bmbf.de/pub/Zukunftsstadt.pdf, gelesen am 04.01.2017.

Bundesregierung (2016): Maßnahmenkatalog – Ergebnis des Dialogprozesses zum Klimaschutzplan der Bundesregierung. Abrufbar unter: http://www.klimaschutzplan2050.de/wp-content/uploads/2015/09/Massnahmenkatalog-3-1-final-Ergaenzungen-Anpassungen1.pdf, gelesen am 04.01.2017.

Cambridge Econometrics (2014): The Impact of Including the Road Transport Sector in the EU ETS, A report for the European Climate Foundation, Cambridge.

Charles, C./Gerasimchuk, I./Bridle, R./Moerenhuet, T./Asmelash, E./Laan, T. (2013): Biofuels – At What Costs? A review of costs and benefits of EU biofuel policies, Research Report April 2013, Winnipeg.

Creutzig, F./McGlynn, E./Minx, J./Edenhofer, O. (2011): Climate policies for road transport (I): Evaluation of the current framework, in: Energy Policy, 39 (2011), 2396 – 2406.

Diekmann, L./Gerhards, E./Klinski, S./Meyer, B./Schmidt, S./Thöne, M. (2011): Steuerliche Behandlung von Firmenwagen in Deutschland, FiFo-Berichte Nr. 13, Köln.

Dietrich, A.-M. (2016): Governmental platform intermediation to promote alternative fuel vehicles, TU Braunschweig Economics Department Working Paper Series No. 16, Braunschweig.

Dietrich, A.-M./Leßmann, C./Steinkraus, A. (2016): Kaufprämien für Elektroautos: Politik auf dem Irrweg?, in: ifo Schnelldienst, 69. Jg. 11/2016, 21 – 26.

Dudenhöffer, F. (2009): Die neue Kfz-Steuer: Mehr Klimaschutz oder Steuersenkungsprogramm?, in: ifo Schnelldienst, 62. Jg. 6/2009, 3 – 5.

Dudenhöffer, F. (2014): Pkw-Neuwagen: geringe CO_2-Belastungen ohne Zusatzkosten möglich, in: Wirtschaftsdienst 8/2014, 600 – 602.

Dudenhöffer, F./Krüger, M. (2008): Kohlendioxid: Zu viele unterschiedliche Preise für den Autofahrer, in: ifo Schnelldienst, 61. Jg. 10/2008, 17 – 18.

Ecofys (2013): Fact check on biofuels subsidies. Abrufbar unter: http://www.ecofys.com/files/files/ecofys-2013-fact-check-on-biofuels-subsidies.pdf, gelesen am 04.01.2017.

Ecofys/IIASA/E4tech (2015): The land use change impact of biofuels consumed in the EU – Quantification of area and greenhouse gas impacts. Abrufbar unter: https://ec.europa.eu/energy/sites/ener/files/documents/Final%20Report_GLOBIOM_publication.pdf, gelesen am 13.12.2016.

Elmer, C.-F. (2010): CO2-Emissionsstandards für Personenkraftwagen als Instrument der Klimapolitik im Verkehrssektor: Rationalität, Gestaltung und Wechselwirkung mit dem Emissionshandel, in: Vierteljahreshefte zur Wirtschaftsforschung 79 (2010), 2, 160 – 178.

Erhard, J./Reh, W./ Treber M./Oelinger, D./Rieger, D./Müller-Görnert, M. (2014): Klimafreundlicher Verkehr in Deutschland – Weichenstellungen bis 2050. Abrufbar unter: http://www.wwf.de/fileadmin/fm-wwf/Publikationen-PDF/Verbaendekonzept_Klimafreundlicher_Verkehr.pdf, gelesen am 03.01.2017.

Ernst, C.-S./Eckstein, L./Olschewski, I. (2012): CO_2-Reduzierungspotenziale bei Pkw bis 2020, Abschlussbericht 113510 im Auftrag des Bundesministeriums für Wirtschaft und Energie, Institut für Kraftfahrzeuge (IKA) RWTH Aachen, Aachen.

Ernst, C.-S./Olschewski, I./Eckstein, L. (2014): CO_2-Emissionspotenzial bei Pkw und leichten Nutzfahrzeugen nach 2020, Abschlussbericht 123320 im Auftrag des Bundesministeriums für Wirtschaft und Energie, Institut für Kraftfahrzeuge (IKA) RWTH Aachen, Aachen.

Europäische Kommission (2011a): Fahrplan für den Übergang zu einer wettbewerbsfähigen CO_2-armen Wirtschaft bis 2050. Mitteilung der Kommission an das Europäische Parlament, den Rat, den Europäischen Wirtschafts- und Sozialausschuss und den Ausschuss der Regionen. Abrufbar unter: http://eur-lex.europa.eu/LexUriServ/LexUriServ.do?uri=COM:2011:0112:FIN:de:PDF, gelesen am 08.08.2016.

Europäische Kommission (2011b): Weissbuch. Fahrplan zu einem einheitlichen europäischen Verkehrsraum – Hin zu einem wettbewerbsorientierten und ressourcenschonenden Verkehrssystem. Abrufbar unter: http://eur-lex.europa.eu/LexUriServ/LexUriServ.do?uri=COM:2011:0144:FIN:DE:PDF, gelesen am 08.08.2016.

Europäische Kommission (2012): Durchführungsbeschluss der Kommission vom 11.Dezember 2012 zur Bestätigung der durchschnittlichen spezifischen CO_2-Emissionen und der Zielvorgaben für die Hersteller von Personenkraftwagen für das Kalenderjahr gemäß der Verordnung (EG) Nr. 443/2009 des Europäischen Parlaments und Rates, Amtsblatt der Europäischen Union, 12.12.2012.

Europäische Kommission (2014): Ein Rahmen für die Klima- und Energiepolitik im Zeitraum 2020 – 2030. Mitteilung der Kommission an das Europäische Parlament, den Rat, den Europäischen Wirtschafts- und Sozialausschuss und den Ausschuss der Regionen. Abrufbar unter: http://eur-lex.europa.eu/legal-content/DE/TXT/PDF/?uri=CELEX:52014DC0015&from=EN, gelesen am 08.08.2016.

Europäische Union (2009a): Entscheidung Nr. 406/2009/EG des Europäischen Parlaments und des Rates vom 23. April 2009 über die Anstrengungen der Mitgliedsstaaten zur Reduktion ihrer Treibhausgasemissionen mit Blick auf die Erfüllung der Verpflichtungen der Gemeinschaft zur Reduktion der Treibhausgasemissionen bis 2020. Amtsblatt der Europäischen Union, 5.6.2009.

Europäische Union (2009b): Richtlinie 2009/29/EG des Europäischen Parlaments und des Rates vom 23. April 2009 zur Änderung der Richtlinie 2003/87/EG zwecks Verbesserung und Ausweitung des Gemeinschaftssystems für den Handel mit Treibhausgasemissionszertifikaten. Amtsblatt der Europäischen Union, 5.6.2009.

European Commission (EC) (2015): Evaluation of Regulations 443/2009 and 510/2011 on CO2 emissions from light-duty vehicles: Final Report, Study contract no. 071201/2013/664487/ETU/CLIMA.C.2. Abrufbar unter: http://ec.europa.eu/clima/policies/transport/vehicles/docs/evaluation_ldv_co2_regs_en.pdf, gelesen am 25.11.2016.

European Environment Agency (EEA) (2015): Evaluating 15 years of transport and environmental policy integration, EEA Report No 7/2015, Kopenhagen.

Fier, A./Harhoff, D. (2001): Die Evolution der bundesdeutschen Forschungs- und Technologiepolitik: Rückblick und Bestandsaufnahme, ZEW Discussion Paper No. 01-61, Mannheim.

Flachsland, C./Brunner, S./Edenhofer, O./Creutzig, F. (2011): Climate policies for road transport revisited (II): Closing the policy gap with cap-and-trade, in: Energy Policy, 39 (2011), 2100 – 2110.

Fritsch, M. (2011): Marktversagen und Wirtschaftspolitik, 8. Auflage, München.

Frondel, M./Peters, J./Vance, C. (2008): Identifying the Rebound: Evidence from a German Household Panel, in: The Energy Journal 29 (4), 154 – 163.

Frondel, M./Ritter, N./Vance, C. (2011): Heterogeneity in the rebound effect: Further evidence for Germany, in: Energy Economics 34 (2012), 461 – 467.

Gawel, E. (2011a): Kfz-Steuer-Reform und Klimaschutz, in: Wirtschaftsdienst 2/2011, 137 – 143.

Gawel, E. (2011b): Klimaschutz durch Kfz-Besteuerung – Der Beitrag der Kfz-Steuerreform 2009 zur Erfüllung klimapolitischer Ziele, in: Steuer und Wirtschaft (StuW), 88. Jg. 3/2011, 250 – 258.

Gawel, E. (2013): Finanzierung der Verkehrsinfrastruktur – Optionen und polit-ökonomische Blockaden, in: Wirtschaftsdienst, 93. Jg. 10/2013, 670 – 674.

Gawel, E. (2014): Umweltschutz als Abgabenprivileg, in: Kloepfer, M. (Hrsg.): Umweltschutz als Rechtsprivileg (= Schriften zum Umweltrecht, Bd. 180), Berlin, 35 – 74.

Gawel, E. (2015): Aktuelle Probleme der Verkehrsinfrastruktur-Finanzierung, in: Bruckner, Th./Gawel, E./Holländer, R./Thrän, D. /Weinsziehr, Th./Verhoog, M. (Hrsg.): Zehn Jahre transdisziplinäre Nachhaltigkeitsforschung an der Universität Leipzig. Festschrift anlässlich des zehnjährigen Bestehens des Instituts für Infrastruktur und Ressourcenmanagement (IIRM) (= Studien zu Infrastruktur und Ressourcenmanagement, Bd. 5), Berlin: Logos Verlag 2015, 97 – 102.

Gawel, E. (2016): Der EU-Emissionshandel vor der vierten Handelsperiode – Stand und Perspektiven aus ökonomischer Sicht, in: Zeitschrift für das gesamte Recht der Energiewirtschaft (EnWZ), 5. Jg. 8/2016, 351 – 357.

Gawel, E./Lehmann, P./Korte, K./Strunz, S./Bovet, J./Köck, W./ Massier, P./Löschel, A./Schober, D./Ohlhorst, D./Tews, K./ Schreurs, M./Reeg, M./Wassermann, S. (2014): Die Zukunft der Energiewende in Deutschland, in: Energiewirtschaftliche Tagesfragen, 64. Jg. 4/2014, 37 – 44.

Gawel, E./Ludwig, G. (2011): The iLUC dilemma: How to deal with indirect land use changes when governing energy crops?, in: Land Use Policy, Vol. 28 (2011), 846 – 856.

Gawel, E./Purkus, A. (2015): Zur Rolle von Energie- und Strombesteuerung im Kontext der Energiewende, in: Zeitschrift für Energiewirtschaft, 39. Jg. 2/2015, 77 – 103.

Gillingham, K./Rapson, D./Wagner, G. (2014): The Rebound Effect and Energy Efficiency Policy, Resources for the Future Discussion Paper 14 – 39, Washington.

Görres, A./Meyer, B. (2008): Firmen- und Dienstwagenbesteuerung modernisieren: Für Klimaschutz und mehr Gerechtigkeit – Der Status Quo der Dienstwagensteuer ist sozial und ökologisch unhaltbar, FÖS-Diskussionspapier 2008/08, München.

Hawkins, T./Singh, B./Majeau-Bettez, G./Stroemman, A. H. (2012): Comparative Environmental Life Cycle Assessment of Conventional and Electric Vehicles, in: Journal of Industrial Ecology, 17 (1), 53 – 64.

Heidt, C./Lambrecht, U./Hardingshaus, M./Knitschky, G./Schmidt, P./Weindorf, W./Naumann, K./Majer, S./Müller-Langer, F./Seiffert, M. (2013): CNG und LPG – Potenziale dieser Energieträger auf dem Weg zu einer nachhaltigen Energieversorgung des Straßenverkehrs. Abrufbar unter: http://www.bmvi.de/SharedDocs/DE/Anlage/MKS/mks-kurzstudie-cng-lpg.pdf?__blob=publicationFile, gelesen am 04.01.2017.

Helms, H./Jöhrens, J./Lambrecht, U. (2012): Umweltwirkungen alternativer Antriebe, in: Jochem, P./Pognietz, W.-R./Grunwald, A./Fichtner, W. (Hrsg.): Alternative Antriebskonzepte bei sich wandelnden Mobilitätsstilen, Karlsruhe, 123 – 145.

Heymann (2014): CO_2-Emissionen von Pkw – Regulierung über EU-Emissionshandel besser als strengere CO_2-Grenzwerte, Deutsche Bank Research Aktuelle Themen, Frankfurt.

Homburg, S. (2010): Allgemeine Steuerlehre, 6. Auflage, Hannover 2010.

Hülsmann, F./Mottschall, M./Hacker, F./Kasten, P. (2014): Konventionelle und alternative Fahrzeugtechnologien bei Pkw und schweren Nutzfahrzeugen – Potenziale zur Minderung des Energieverbrauchs bis 2050, Öko-Institut Working Paper 3/2014, Freiburg.

Institut für angewandte Ökologie (Öko-Institut) (2011): Autos unter Strom, Ergebnisbroschüre erstellt im Rahmen des Projekts OPTUM „Umweltentlastungspotenziale von Elektrofahrzeugen – Integrierte Betrachtung von Fahrzeugnutzung und Energiewirtschaft", Berlin.

Institut für Energie- und Umweltforschung Heidelberg GmbH (ifeu) (2014): Ökologische Begleitforschung zum Flottenversuch Elektromobilität. Endbericht, Heidelberg.

Institut für Energie- und Umweltforschung Heidelberg GmbH (ifeu) (2015): Abwrackprämie und Umwelt – eine erste Bilanz. Abrufbar unter: http://www.motor-talk.de/forum/aktion/Attachment.html?attachmentId=676630, gelesen am 02.01.2017.

Intergovernmental Panel on Climate Change (IPCC) (2014): Climate Change 2014: Synthesis Report. Contribution of Working Groups I, II and III to the Fifth Assessment Report of Intergovernmental Panel of Climate Change, Genf.

Jaffe, A./Newell, R./Stavins, R. (2005): A tale of two market failures: Technology and environmental policy, in: Ecological Economics, 54 (2005), 164 – 174.

Kasten, P./Schumacher, K./Zimmer, W. (2015): Instrumentenmix im Verkehrssektor: Welche Rolle kann der EU-ETS für den Straßenverkehr spielen?, Institut für angewandte Ökologie (Öko-Institut), Berlin.

Kieckhäfer, K./ Volling, T./Spengler, T. (2014): A hybrid simulation approach for estimating the market share evolution of electric vehicles, in: Transportation Science, 48 (4), 651 – 670.

Koesler, S. (2013): Catching the Rebound: Economy-wide Implications of an Efficiency Shock in the Provision of Transport Services by Households, ZEW Discussion Papers No. 13 – 082, Mannheim.

Kraftfahrtbundesamt (KBA) (2016a): Fahrzeugzulassungen (FZ): Bestand an Kraftfahrzeugen nach Umwelt-Merkmalen: 1. Januar 2016. Abrufbar unter: http://www.kba.de/SharedDocs/Publikationen/DE/Statistik/Fahrzeuge/FZ/2016/fz13_2016_pdf.pdf?__blob=publication File&v=2, gelesen am 24.11.2016.

Kraftfahrtbundesamt (KBA) (2016b): Fahrzeugzulassungen (FZ): Neuzulassungen von Kraftfahrtzeugen nach Umweltmerkmalen: Jahr 2015. Abrufbar unter: http://www.kba.de/SharedDocs/Publikationen/DE/Statistik/Fahrzeuge/FZ/2015/fz14_2015_pdf.pdf?__blob=publi cationFile&v=3, gelesen am 29.11.2016.

Kraftfahrtbundesamt (KBA) (2016c): Fahrzeugzulassungen (FZ): Neuzulassungen von Kraftfahrzeugen und Kraftfahrzeuganhängern – Monatsergebnisse Juni 2016. Abrufbar unter: http://www.kba.de/SharedDocs/Publikationen/DE/Statistik/Fahrzeuge/FZ/2016_monat lich/FZ8/fz8_201606_pdf.pdf?__blob=publicationFile&v=4, gelesen am 03.01.2017.

Kraftfahrtbundesamt (KBA) (2016d): Pressemitteilung Nr. 23/2016 – Fahrzeugzulassungen im Juli 2016. Abrufbar unter: http://www.kba.de/DE/Presse/Pressemitteilungen/2016/Fahrzeugzulassungen/pm23_2016_n_07_16_pm_komplett.html?nn=716864, gelesen am 03.01.2017.

Kraftfahrtbundesamt (KBA) (2016e): Pressemitteilung Nr. 25/2016 – Fahrzeugzulassungen im August 2016. Abrufbar unter: http://www.kba.de/DE/Presse/Pressemitteilungen/2016/Fahrzeugzulassungen/pm25_2016_n_08_16_pm_komplett.html?nn=716864, gelesen am 03.01.2017.

Kraftfahrtbundesamt (KBA) (2016f): Pressemitteilung Nr. 27/2016 – Fahrzeugzulassungen im September 2016. Abrufbar unter: http://www.kba.de/DE/Presse/Pressemitteilungen/2016/Fahrzeug zulassungen/pm27_2016_n_09_16_pm_komplett.html?nn=716864, gelesen am 03.01.2017.

Kraftfahrtbundesamt (KBA) (2016g): Pressemitteilung Nr. 29/2016 – Fahrzeugzulassungen im Oktober 2016. Abrufbar unter: http://www.kba.de/DE/Presse/Pressemitteilungen/2016/Fahrzeugzulassungen/pm29_2016_n_10_16_pm_komplett.html?nn=716864, gelesen am 03.01.2017.

Kraftfahrtbundesamt (KBA) (2016h): Pressemitteilung Nr. 31/2016 – Fahrzeugzulassungen im November 2016. Abrufbar unter: http://www.kba.de/DE/Presse/Pressemitteilungen/2016/Fahrzeugzulassungen/pm31_2016_n_11_16_pm_komplett.html?nn=716864, gelesen am 03.01.2017.

Krey, M./Weinreich, S. (2000): Internalisierung externer Klimakosten im Pkw-Verkehr in Deutschland, ZEW-Dokumentation No. 00-11, Mannheim.

Kunert, U/Radke, S. (2013): Nachfrageentwicklung und Kraftstoffeinsatz im Straßenverkehr: Alternative Antriebe kommen nur schwer in Fahrt, in: DIW Wochenbericht Nr. 50/2013, 13 – 23.

Laborde, D./Padella, M./Edwards, R./Marelli, L. (2014): Progress in Estimates of ILUC with Mirage Model, European Commission JRC Science and Policy Report, Report EUR 27119, Luxemburg.

Lehmann, P. (2012): Justifying a policy mix for pollution control: A review of economic literature, in: Journal of Economic Surveys 26 (1), 71 – 97.

Lindner, R. (2009): Konzeptionelle Grundlagen und Governance-Prinzipien der Innovationspolitik, Arbeitspapier, Karlsruhe.

Löschel, A./Erdmann, G./Staiß, F./Ziesing, H.-J. (2012): Expertenkommission zum Monitoring-Prozess „Energie der Zukunft" – Stellungnahme zum ersten Monitoring-Bericht der Bundesregierung für das Berichtsjahr 2011. Abrufbar unter: http://www.bmwi.de/BMWi/Redaktion/PDF/M-O/monotoringbericht-stellungnahme-lang,property=pdf,bereich=bmwi2012,sprache=de,rwb=true.pdf, gelesen am 06.12.2016.

Löschel, A./Erdmann, G./Staiß, F./Ziesing, H.-J. (2015): Expertenkommission zum Monitoring-Prozess „Energie der Zukunft" – Stellungnahme zum vierten Monitoring-Bericht der Bundesregierung für das Berichtsjahr 2014. Abrufbar unter: https://www.bmwi.de/BMWi/Redaktion/PDF/M-O/monitoringbericht-energie-der-zukunft-stellungnahme-2014,property=pdf,bereich=bmwi2012,sprache=de,rwb=true.pdf, gelesen am 01.12.2016.

Löschel, A./Erdmann, G./Staiß, F./Ziesing, H.-J. (2016): Expertenkommission zum Monitoring-Prozess „Energie der Zukunft" – Stellungnahme zum fünften Monitoring-Bericht der Bundesregierung für das Berichtsjahr 2015. Abrufbar unter: http://www.bmwi.de/BMWi/Redaktion/PDF/Publikationen/fuenfter-monitoring-bericht-energie-der-zukunft-stellungnahme,property=pdf,bereich=bmwi2012,sprache=de,rwb=true.pdf, gelesen am 04.01.2017.

Mandler, P. (2014): Kfz-Steuer für Pkw: Hubraum lässt sich doch ersetzen!, in : Wirtschaftsdienst 2/2014, 129 – 132.

Matthes, F. (2010): Der Instrumenten-Mix einer ambitionierten Klimapolitik im Spannungsfeld von Emissionshandel und anderen Instrumenten, Institut für angewandte Ökologie (Öko-Institut) Bericht für das Bundesministerium für Umwelt, Naturschutz und Reaktorsicherheit, Berlin.

Meyer, R./Priefer, C. (2015): Energiepflanzen und Flächenkonkurrenz: Indizien und Unsicherheiten, in: GAiA: Ökologische Perspektiven für Wissenschaft und Gesellschaft 2/2015, 108 – 118.

Mock, P./Tietge, U./German, J./Bandivadekar, A. (2014): Road transport in the EU Emissions Trading System: An engineering perspective, ICCT Working Paper 2014-11, Washington.

Nadert, N./Reichert, G. (2015): Erweitert den Emissionshandel! – Effektive und effiziente Reduktion von Treibhausgasen im Straßenverkehr, cepInput 05/2015, Freiburg.

Nationale Plattform Elektromobilität (NPE) (2011): Zweiter Bericht der Nationalen Plattform Elektromobilität. Abrufbar unter: http://www.bmub.bund.de/fileadmin/bmu-import/files/pdfs/allgemein/application/pdf/bericht_emob_2.pdf, gelesen am 24.11.2016.

Nationale Plattform Elektromobilität (NPE) (2014): Fortschrittsbericht 2014 – Bilanz der Marktvorbereitung. Abrufbar unter: http://nationale-plattform-elektromobilitaet.de/fileadmin/user_upload/Redaktion/NPE_Fortschrittsbericht_2014_Barrierefrei.pdf, gelesen am 24.11.2016.

Nationale Plattform Elektromobilität (NPE) (2016): Wegweiser Elektromobilität – Handlungsempfehlungen der Nationalen Plattform Elektromobilität. Abrufbar unter: http://nationale-plattform-elektromobilitaet.de/fileadmin/user_upload/Redaktion/Wegweiser_Elektromobilitaet_2016_web_bf.pdf, gelesen am 02.01.2017.

Naumann, K./Oehmichen, K./Zeymer, M./Meisel, K. (2014): Monitoring Biokraftstoffsektor (2.Auflage), DBFZ Report Nr. 11, Leipzig.

Nowack, F./Sternkopf, B. (2015): Lobbyismus in der Verkehrspolitik: Auswirkungen der Interessenvertretung auf nationaler und europäischer Ebene vor dem Hintergrund einer nachhaltigen Verkehrsentwicklung, IVP-Discussion Paper 2/2015, Berlin.

Paltsev, S./Chen, H./Karplus, V./Kishimoto, P./Reilly, J./Löschel, A./von Graevenitz, K./Koesler, S. (2014): Reducing CO_2 from Cars in the European Union: Emission Standards or Emission Trading?, MIT Joint Program on the Science and Policy of Global Change Report 281, Cambridge.

Popp, A. (2010): Innovation and Climate Policy, NBER Working Paper 15673, Cambridge.

Puls, T. (2013): CO_2-Regulierung für Pkws: Fragen und Antworten zu den europäischen Grenzwerten für Fahrzeughersteller, Institut der deutschen Wirtschaft Köln (IW Köln). Abrufbar unter: http://www.iwkoeln.de/studien/gutachten/beitrag/thomas-puls-co2-regulierung-fuer-pkws-107036, gelesen am 01.12.2016.

Raschka, A./Carus, M. (2012): Stoffliche Nutzung von Biomasse – Basisdaten für Deutschland, Europa und die Welt, nova-Institut GmbH, Hürth.

Rave, T./Triebswetter, U./Wackerbauer, J. (2013): Koordination von Innovations-, Energie- und Umweltpolitik, ifo Forschungsberichte Nr. 61, München.

Rieke, H. (2002): Fahrleistung und Kraftstoffverbrauch im Straßenverkehr, in: DIW Wochenbericht Nr. 51-52/2002, 881 – 889.

Rodi, M./Gawel, E./Purkus, A./Seeger, A. (2016): Energiebesteuerung und die Förderziele der Energiewende – Der Beitrag von Energie- und Stromsteuern zur Förderung von erneuerbaren Energien, Energieeffizienz und Klimaschutz, in: Steuer und Wirtschaft (StuW), 93. Jg. 2/2016, 187 – 199.

Rodi, M./Stäsche, U./Jacobshagen, U./Kachel, M./Fouquet, D./Guarrata, A./Nysten, J./Nusser, J./Halstenberg, M. (2013): Rechtlich-institutionelle Verankerung der Klimaschutzziele der Bundesregierung, Gutachten im Auftrag des Bundesministeriums für Umwelt, Naturschutz, Bau und Reaktorsicherheit, Institut für Klimaschutz, Energie und Mobilität (IKEM), Berlin.

Runkel, M./Mahler, A. (2015): Steuervergünstigung für Dieselkraftstoff, Forum Ökologisch-Soziale Marktwirtschaft (FÖS) 11/2015, Berlin.

Runkel, M./Mahler, A./Schmitz, J./Schäfer-Stradowsky (2016): Umweltwirkungen von Diesel im Vergleich zu anderen Kraftstoffen – Bewertung der externen Kosten der Dieseltechnologie im Vergleich zu anderen Kraftstoffen und Antrieben, Forum Ökologisch-Soziale Marktwirtschaft (FÖS) und Institut für Klimaschutz, Energie und Mobilität (IKEM) 05/2016, Berlin.

Sachverständigenrat für Umweltfragen (SRU) (2012): Umweltgutachten 2012 – Verantwortung in einer begrenzten Welt. Abrufbar unter: http://www.umweltrat.de/SharedDocs/Downloads/DE/01_Umweltgutachten/2012_06_04_Umweltgutachten_HD.pdf?__blob=publicationFile, gelesen am 02.01.2017.

Sieg, G. (2014): Pkw-Maut, Sonderabgabe oder Sonderfonds: Sinnvolle Instrumente zur Finanzierung der Verkehrsinfrastruktur?, in: ifo Schnelldienst, 67. Jg. 11/2014, 3 – 5.

Sinn, H.-W. (2008): Das grüne Paradoxon – Plädoyer für eine illusionsfreie Klimapolitik, 1. Auflage, Berlin.

Spiegel Online (2016): Kunden profitieren kaum vom Herstellerrabatt. Abrufbar unter: http://www.spiegel.de/auto/aktuell/kaufpraemie-fuer-elektroautos-kunden-profitieren-kaum-a-1104283.html, gelesen am 03.01.2017.

Statista (2016a): Durchschnittliche CO2-Emissionen der neu zugelassenen Pkw in Deutschland von 1998 bis 2015 (in Gramm CO2 je Kilometer). Abrufbar unter: https://de.statista.com/statistik/daten/studie/399048/umfrage/entwicklung-der-co2-emissionen-von-neuwagen-deutschland/, gelesen am 29.11.2016.

Statista (2016b): Entwicklung der durchschnittlichen Neuwagenpreise in den Jahren 1995 bis 2015 in Deutschland (in Euro). Abrufbar unter: https://de.statista.com/statistik/daten/studie/36408/umfrage/durchschnittliche-neuwagenpreise-in-deutschland/, gelesen am 06.12.2016.

Statista (2016c): Steuereinnahmen aus der Kraftfahrzeugsteuer in Deutschland von 1999 bis 2015 (in Milliarden Euro). Abruf unter: https://de.statista.com/statistik/daten/studie/222264/umfrage/einnahmen-aus-der-kfz-steuer-in-deutschland/, gelesen am 02.01.2017.

Statistisches Bundesamt (Destatis) (2015): Gestiegene Motorleistung verhindert stärkeren Rückgang der CO_2-Emissionen, Pressemitteilung vom 11.Juni 2015 – 213/15, Wiesbaden.

Statistisches Bundesamt (Destatis) (2016a): Einkommen, Einnahmen & Ausgaben. Abrufbar unter: https://www.destatis.de/DE/ZahlenFakten/GesellschaftStaat/EinkommenKonsumLebensbedingungen/EinkommenEinnahmenAusgaben/Tabellen/Deutschland.html, gelesen am 02.01.2017.

Statistisches Bundesamt (Destatis) (2016b): Weiter steigende Motorleistung der Pkw verhindert Rückgang der CO_2-Emissionen, Pressemitteilung vom 14. Dezember 2016 – 451/16, Wiesbaden.

Steiner, V./Cludius, J. (2010): Ökosteuer hat zu geringerer Umweltbelastung des Verkehrs beigetragen, in: DIW Wochenbericht Nr. 13-14/2010, 2 – 7.

Sturm, B./Vogt, C. (2011): Umweltökonomik: Eine anwendungsorientierte Einführung, Heidelberg.

Technische Universität (TU) Braunschweig (2016): Kaufprämie für Elektroautos: viel Geld für wenig Wirkung. Abrufbar unter: https://magazin.tu-braunschweig.de/pi-post/kaufpraemie-fuer-elektroautos-viel-geld-fuer-wenig-wirkung/, gelesen am 03.01.2017.

The International Council on Clean Transportation (ICCT) (2015): Kraftstoffverbrauch und CO_2-Emissionen neuer Pkw in der EU – Prüfstand versus Realität, Kurzzusammenfassung: Europa. Abrufbar unter: http://www.theicct.org/sites/default/files/FactSheet_FromLabToRoad_ICCT_2016_DE.pdf, gelesen am 05.12.2016.

The International Council on Clean Transportation (ICCT) (2016): CO_2 emissions from new passenger cars in the EU: Car manufacturers' performance in 2015. Abrufbar unter: http://www.theicct.org/sites/default/files/publications/ICCTbriefing_EU-CO2_201507.pdf, gelesen am 29.11.2016.

Tietge, U./Mock, P./Zacharof, N./Franco, V. (2015): Real-world fuel consumption of popular European passenger cars, ICCT Working Paper 2015-8, Washington.

Umweltbundesamt (UBA) (2010): CO_2-Emissionsminderung im Verkehr in Deutschland: Mögliche Maßnahmen und ihre Minderungspotenziale – Ein Sachstandsbericht des Umweltbundesamtes, UBA-Texte 05/2010, Dessau-Roßlau.

Umweltbundesamt (UBA) (2014a): Environmentally Harmful Subsidies In Germany – Updated Edition 2014, Technical Brochure. Abrufbar unter: https://www.umweltbundesamt.de/sites/default/files/

medien/376/publikationen/environmentally_harmful_subsidies_in_germany_2014.pdf, gelesen am 14.12.2016.

Umweltbundesamt (UBA) (2014b): Ausweitung des Emissionshandels auf Kleinemittenten im Gebäude- und Verkehrssektor – Gestaltung und Konzepte für einen Policy mix, Climate Change 03/2014, Dessau-Roßlau.

Umweltbundesamt (UBA) (2015a): Rebound-Effekte: Ihre Bedeutung für die Umweltpolitik, UBA-Texte 31/2015, Dessau-Roßlau.

Umweltbundesamt (UBA) (2015b): Maut für Deutschland: Jeder Kilometer zählt – Der Beitrag einer Lkw-, Bus- und Pkw-Maut zu einer umweltorientierten Verkehrsinfrastrukturfinanzierung, Position November 2015, Dessau-Roßlau.

Umweltbundesamt (UBA) (2016a): UBA-Emissionsdaten für 2015 zeigen Notwendigkeit für konsequente Umsetzung des Aktionsprogramms Klimaschutz 2020, Presseinfo Nr. 09 vom 17.03.2016: Gemeinsame Pressemitteilung von Umweltbundesamt und Bundesministerium für Umwelt, Naturschutz, Bau und Reaktorsicherheit. Abrufbar unter: https://www.umweltbundesamt.de/sites/default/files/medien/478/dokumente/pi-2016-09_uba-emissionsdaten_fuer_2015_zeigen_notwendigkeit_fuer_konsequente_umsetzung_des_aktionsprogramms_klimaschutz_2020.pdf, gelesen am 24.11.2016.

Umweltbundesamt (UBA) (2016b): Nationale Trendtabellen für die deutsche Berichterstattung atmosphärischer Emissionen 1990 – 2014. Abrufbar unter: https://www.umweltbundesamt.de/daten/klimawandel/treibhausgas-emissionen-in-deutschland, gelesen am 24.11.2016.

Umweltbundesamt (UBA) (2016c): Weiterentwicklung und vertiefte Analyse der Umweltbilanz der Elektrofahrzeuge, UBA-Texte 27/2016, Dessau-Roßlau.

Umweltbundesamt (UBA) (2016d): Klimaschutzbeitrag des Verkehrs bis 2050, UBA-Texte 56/2016, Dessau-Roßlau.

Umweltbundesamt (UBA) (2016e): Vergleich der durchschnittlichen Emissionen einzelner Verkehrsmittel im Personenverkehr – Bezugsjahr: 2014. Abrufbar unter: https://www.umweltbundesamt.de/sites/default/files/medien/376/bilder/dateien/vergleich_der_emissionen_einzelner_verkehrsmittel_im_personenverkehr_bezugsjahr_2014_tremod_5_63_0.pdf, gelesen am 29.11.2016.

Umweltbundesamt (UBA) (2016f): Umweltzonen in Deutschland. Abrufbar unter: https://www.umweltbundesamt.de/themen/luft/luftschadstoffe/feinstaub/umweltzonen-in-deutschland, gelesen am 04.01.2017.

United Nations Framework Convention on Climate Change (UNFCCC) (2015): Adoption of the Paris Agreement 1/CP.21. Abrufbar unter: https://unfccc.int/resource/docs/2015/cop21/eng/l09r01.pdf, gelesen am 05.01.2017.

Wackerbauer, J./Albrecht-Saavedra, J./Gronwald, M./Ketterer, J./Lippelt, J./Pfeiffer, J./Röpke, L/Zimmer, M. (2011): Bewertung der klimapolitischen Maßnahmen und Instrumente, ifo Forschungsberichte Nr. 51, München.

Weiß, C./Chlond, B./Hilgert, T./Vortisch, P. (2016): Deutsches Mobilitätspanel (MOP) – Wissenschaftliche Begleitung und Auswertungen Bericht 2014/2015: Alltagsmobilität und Fahrleistung, KIT Institut für Verkehrswesen, Karlsruhe.

Wieland, B. (2014): „Wenn ich einmal reich wär' ..." Fonds, Steuern und Mauten in der deutschen Verkehrsinfrastrukturfinanzierung, in: ifo Schnelldienst, 67. Jg. 11/2014, 6 – 10.